"十四五"职业教育国家规划教材

U0237496

盆景
制作与赏析

赖娜娜　林鸿鑫 ■ 主编

中国林业出版社
China Forestry Publishing House

图书在版编目（CIP）数据

盆景制作与赏析 / 赖娜娜 , 林鸿鑫主编 . -- 北京 : 中国林业出版社 , 2019.7（2024.7 重印）
"十四五"职业教育国家规划教材

ISBN 978-7-5219-0186-3

Ⅰ.①盆… Ⅱ.①赖…②林… Ⅲ.①盆景－观赏园艺－中等专业学校－教材 Ⅳ.① S668.1

中国版本图书馆 CIP 数据核字 (2019) 第 149078 号

中国林业出版社 · 教育分社

责任编辑：曾琬淋
电　　话：（010）83143630
传　　真：（010）83143516

数字资源

出版发行　中国林业出版社（100009　北京西城区德内大街刘海胡同 7 号）
电子邮箱　jiaocaipublic@163.com
网　　址　http://www.cfph.net
印　　刷　河北京平诚乾印刷有限公司
版　　次　2019 年 7 月第 1 版
印　　次　2024 年 7 月第 3 次
开　　本　787mm×1092mm　1/16
印　　张　8.5
字　　数　220 千字
定　　价　62.00 元

序

  盆景是我国传统艺术宝库中的一朵奇葩。在千百年的历史长河中，经过国人的不断传承与创新，盆景由最初的石玩、盆栽逐渐演变成山水盆景和树木盆景，至现代已经有树木盆景、山水盆景、树石盆景、竹草盆景、异型盆景、微型组合盆景等多种类型，其中造型样式更是不胜枚举，盆景的造型理论、制作技术也有了很大的发展。

  曾几何时，笔者搜寻盆景相关书籍发现，分门别类、图文并茂地详细讲解盆景制作技术的书籍并不多见，也了解到很多盆景爱好者苦于可以参考的制作书籍较少而闭门造车。2017年得到一个好消息，北京市园林学校致力于盆景发展的几位同仁与中国盆景艺术大师携手，正在编写一本用于普及推广的盆景制作教材。而今教材已成，即将出版。仔细翻看，书的结构、编排、内容让人眼前一亮。书中理论知识深入浅出，没有过多陈述；对于不同类型、不同造型的盆景制作技术直接通过任务进行讲解，选取的制作样式造型经典，由易到难，并且盆景制作步骤明晰翔实，文字浅显易懂，步骤照片紧跟文字。

  当前越来越多的国人喜爱上盆景，投身于盆景的制作与交流中，其中不乏年轻人。盆景的群众基础不断壮大，使盆景的发展如虎添翼。这一切都与一代又一代盆景人的不断传承、发展、创新以及普及推广密不可分。相信有了包括此书编者们在内的一大批盆景人在盆景普及推广上的不断努力付出，中国盆景这朵奇葩定会在更多的家庭中开放，中国盆景的发展道路也越来越宽广。

2018年11月

前　言

　　盆景是集自然美与艺术美于一身的微缩园林艺术，是我国优秀传统园林文化中的一朵奇葩。当前，随着国家经济的飞速发展和盆景的普及推广，人们对传统文化的精神追求日益高涨，越来越多的盆景爱好者加入到盆景的学习和制作中来。盆景文化的传承始于了解和践行。为了推广这一优秀文化，北京市园林学校盆景课程教师与中国盆景艺术大师携手，结合多年盆景工作经验和职业教育特点编写此书，力求翔实实展示盆景造型技术流程，以便于广大学生及其他盆景爱好者更直观地学习盆景制作技艺，深层感受我国盆景艺术的魅力。

　　本教材按照单元、任务的模式编写，以任务流程为主线，服务于"理实一体化"教学，突出实操，强化学生动手能力，让学生在"学中做"，在"做中学"。任务内容按照培养目标由简到繁、由易到难，层层递进，逐步加深；每个造型技术流程均配以翔实的图文资料，即使学生自己阅读也能轻松掌握操作技术要点。本教材共有5个单元，每个单元设有单元介绍、单元目标、单元知识学习、任务、单元小结、单元练习与考核，每个单元下设3～4个任务，每个任务设有任务描述、任务目标、任务流程、小贴士等。其中单元一、单元二以理论知识学习为主，系统介绍盆景的定义、特征、历史沿革、分类、流派、造型等方面，使学生对盆景发展具有初步和整体的了解。单元三、单元四、单元五着重介绍3种常见类型盆景（树木盆景、山水盆景、树石盆景）的制作养护技术，通过详细的图文资料展示制作流程，强化学生对技术流程的理解和掌握。

　　本教材由赖娜娜、林鸿鑫主编，陈习之参与全书编写。单元一由齐静、张辉明编写；单元二由齐静、张奋州编写；单元三由程超、林迪编写；单元四由齐静、何雪涵编写；单元五由程超、林迪编写；黄玉煌摄影。

　　由于编写时间紧迫，本教材尚有不当或不足之处，请广大读者批评、指正。

编者

2019年3月

目　录

单元五　树石盆景制作

单元一
初识盆景

单元介绍

    盆景始创于中国。中国盆景的产生与发展不是偶然的，而是随着生产力不断发展，在一定社会条件以及历史文化传统等多种综合因素的影响下逐渐形成的，它在各个历史时期具有其鲜明特征。

    本单元主要以盆景的基础知识为学习重点，包括盆景的基本概念及特点、盆景的历史发展特点、盆景的传统流派特点及盆景的价值等。通过学习以上知识，可提高对盆景行业的认识，增强对盆景的兴趣。

单元目标

1 了解盆景的概念，掌握盆景的特点。

2 了解中国盆景萌芽期、发展期及成熟期的特点。

3 了解盆景流派的特性及划分标准。

4 掌握传统盆景流派的派别及特征。

5 了解创新盆景的特点。

6 了解盆景的价值。

单元知识学习

一、学习盆景课程的方法

1. 做好知识的积累

盆景学是一门综合性学科，从对材料的处理上来看，需要了解植物的特性、石料的特性等；从立意布景上来看，需要对传统园林布局、诗词、书画等有广泛的了解。此外，平常还要多赏析名家作品，多看盆景展览，提升欣赏水平。

2. 做好材料的储备

盆景制作需要用到树桩、石料、配件等材料，一棵形态优美、造型奇特的树桩需要多年的造型与养护，一组风格统一、石材协调的山水盆景需要随时随地收集素材。

3. 勤构思、多动手

做盆景需要投入，尤其是好的盆景作品，都是经过长时间的构思，对材料进行精心的挑选与处理，反复琢磨，多角度观察，多次调整后才能成型。要多动手制作，娴熟的材料处理技法可以使作品创作更加顺利。

二、盆景从业者应具有的素养

盆景的历史悠久，是一门综合性艺术，它既包含了园艺技术，又涉及文化艺术及美学原理，同时还具有一定的工艺性质。一个盆景创作者，必须要认清盆景的综合性质。

过去的盆景制作者，一般有一定的园艺技术，但对文化艺术了解甚少；而了解文化艺术的人，又对园艺技术和盆景工艺不能很好地掌握。因此，新一代盆景从业者，既要具有较高的文化艺术修养，具备先进的园艺技术，又要有娴熟的盆景技艺。

三、我国盆景行业的发展现状

虽然目前我国制作盆景的树、石等材料非常丰富，造型艺术水平较高，但是盆景生产仍然处于小型化、庭园化状态，少有能批量生产的盆景企业。在管理技术上现代化程度不够高，新技术应用不多。目前由于大众对盆景了解不够，盆景在国内市场的销售一直未达到兴旺状态。

我国盆景行业需在保留中国盆景传统特色的同时，促进盆景生产的产业化、现代化，同时还要在人们的生活、学习中普及更多的盆景知识，让更多的人传承盆景制作技艺。

任务一
认知盆景的定义与特点

【任务描述】

学校组织参观植物园中的盆景园，请做好参观前的知识准备，如盆景的概念、盆景的种类和特点等。

【任务目标】

1. 了解盆景的概念。
2. 掌握盆景的特点。

【任务流程】

查阅并学习相关资料，了解盆景的概念 ➡ 分析盆景的特点

环节一 查阅并学习相关资料，了解盆景的概念

1. 盆景的定义

《辞海》中盆景一词指的是："用木本植物、草本植物或水、石等，经过艺术加工，种植或布置在盆中，使成为自然景物浓缩的一种陈列品。有树桩盆景和山水盆景等。"

其他盆景书籍中盆景的定义：

① 盆景是以植物、水、石、土等为主要素材，经过艺术处理和园艺加工，种植或布置在盆钵中，成为集中表现大自然优美景观的一种造型艺术品。

② 盆景是以树、石为素材，经过艺术处理和精心培养，在盆中集中再现大自然神貌的艺术品。

③ 盆景以树、石、草、盆为基本素材，以屋、宇、亭、桥及动物为基本饰品，经过栽培和艺术处理后，以优美造型和深远意境，再现出大川名山及诗情画意的生活图景。

2. 国际常用盆景英译名

penjing（盆景汉语拼音）　　　　　potted landscape（盆中之景）

artistic pot plants（艺术盆栽）　　　miniature gardening（小型园林）

miniature landscape（小型景致）　　bonsai（盆栽）

bonsai techniques（盆栽技艺）　　　tray landscape（盘中之景）

3. 盆景与盆栽的区别

盆景与盆栽虽然都有一个"盆"字，但含义各不相同。盆景是一种造型艺术品，其中树木盆景的欣赏对象是树木的姿态以及由树、山、石、土、水等要素组成的自然景致，属于文化范畴。而盆栽只是作物栽培的一种方式，或者指盆栽植物，它的欣赏对象是花木的茎、叶、花、果实和全株，属于栽培技术范畴。因此，盆景与盆栽二者具有质的区别。

在过去，人们片面地把盆栽与盆景混为一谈，认为只要栽在盆子里的就统称为盆景，直到现在才由精于此道的园艺学家明确区分开来。

环节二 分析盆景的特点

1. 盆景的微观性

盆景艺术最讲究的就是咫尺山林，所谓"一峰则太华千寻，一勺则江湖万里"。讲究用一小座山峰表现自然界千峰耸立的景致，用一勺水表现大自然万里湖海的壮阔美景。

2. 盆景的构图特性

（1）整体性

盆景是景、盆、架三者有机结合的整体艺术形象，因此，创作构图时必须考虑整体艺术效果。同时，还有文景结合画龙点睛的艺术效果，只有景、盆、架、题名相辅相成，相得益彰，才能达到盆景艺术的最高境界。

（2）四维性

盆景同园林一样，都具有四维特性，是四维时空艺术。它既有空间的艺术造型，又有景色的季节变化。因此，盆景创作构图不是平面构图，也不同于一般的立体空间构图，而是复杂的四维构图。

3. 盆景艺术的多样性

（1）题材多样性

盆景具有丰富的表现题材，从名山大川到小桥流水，从山林野趣到田园风光，都能表现于咫尺盆中。

（2）形式多样性

盆景具有多种多样的表现形式，如自然式、传统规则式，还有冠式、干式、根式和其他组合布局形式等。

（3）风格多样性

地理环境和地域文化的多样，风土人情和生活习俗的不同，创作材料特性的差异以及作者性格与文化素养的各异，使得盆景艺术创作形成了较多的个人风格、地方风格和艺术流派，如岭南盆景（岭南派）、扬州盆景（扬派）、四川盆景（川派）、安徽盆景（徽派）等。

（4）素材多样性

用于盆景创作的素材很多，有植物材料、山石材料、盆钵、几架、配件等，而每种素材也有很多不同的种类，特别是盆景植物材料更是资源丰富、种类繁多。

4. 盆景美的特性

（1）自然美

盆景具有自然属性。一方面，盆景绝大部分素材来源于自然，而且多为具有生命的自然之物；另一方面，盆景"虽由人作"，却"宛若天开"，是大自然优美景色的再现和升华。因此，盆景艺术具有自然美的特性。

（2）艺术美

盆景是形、神、意、趣兼备的艺术品，被誉为"无声的诗、立体的画、有生命的艺雕"。盆景虽源于自然却又高于自然，它是园林艺术、文学艺术、绘画艺术、雕塑艺术以及园艺技术的综合体。因此，盆景具有内涵丰富的艺术美的特性。

5. 盆景的生命性

在盆景艺术中有两种生命的体现：一种是生物学的生命；另一种是艺术学的生命，即艺术感染力。生物学的生命，指的是盆景中的树木、花草，它们总是在一定的时间内生长、壮大、衰老、死亡。艺术学的生命，则是艺术欣赏价值，指具有较强艺术感染力的盆景造型或技艺被人们长久地记住或运用，这同样体现了生命性。

任务二
认知盆景的历史发展

【任务描述】

学校盆景展室入口需要一张中国盆景发展时间表，请整理制作表格。表格需划分盆景发展的不同历史阶段并总结各阶段盆景的发展特点。

【任务目标】

1. 了解中国盆景的发展阶段。
2. 了解中国盆景萌芽期、发展期及成熟期的特点。

【任务流程】

学习盆景发展的相关资料 ➡ 总结制作表格

环节一　学习盆景发展的相关资料

1. 研究盆景发展史的意义

盆景作为中华民族优秀传统文化的一个重要组成部分，是我国独特而又优雅的一种"高等艺术"，可与国画、书法、雕塑相媲美，从孕育、形成、成熟，直至兴旺、繁荣，无不与中华文明史整个历程血肉相连、休戚与共。在漫长的岁月里，盆景从盆栽——仅仅给人以美感的单一植物栽培，逐步发展成为一种追求深邃意境和人文精神的艺术品。盆栽是盆景艺术品的起源。盆景艺术的每一点进步，每一次革新，在历史上都反映出时代的风云、社会的嬗变、思想的拓展、个性的解放及外来的影响。尽管在盆景的"百花园"中，因地域不同而形成了千姿百态、各具特色的诸多艺术流派，但就总体而论，其发展的轨迹是基本一致的。

2. 盆景发展各历史时期的特点

中华民族的悠久历史孕育了光辉灿烂的中国传统文化艺术，在这文化艺术宝库中，盆景以其独特的艺术魅力和鲜明的艺术特色流传于世，经久不衰。

据现有考古、文献记载，在我国浙江余姚河姆渡新石器时期（距今约7000年）的第四文化层中，出土了两块刻有盆栽图案的陶片，陶片上刻有方形陶盆，陶盆里栽种形似万年青的植物，说明当时我们的祖先已开始将植物栽入器皿中以供观赏。这是我国乃至世界上迄今为止发现的最早的盆栽图片记载，有学者认为这可能是盆景起源最早的证据（图1-2-1）。

（1）盆景的萌芽期（汉代至魏晋）

到了东汉时期（25—220年），随着劳动生产力的进步，我国已掌握了生产日用陶瓷的技术。陶瓷工业的发展为盆景的栽培提供了重要的物质基础——盆钵，使得许多植物可以栽种在陶瓷盆钵中，无疑促进了当时盆栽的发展和推广。

从发掘出土的文物中发现，汉代有一种山形陶砚，砚上有山峰12座，大小起伏，呈重峦叠嶂状，砚中间可以盛水，与现今的山水盆景形式有些相似。另在河北望都东汉墓壁面上绘有一陶质圆盆，盆中栽6棵花，盆下还配有方形几座（图1-2-2）。这是最早的盆栽形式，也可以说是我国盆景艺术的雏形。当时社会上还盛行用盆池种植荷花以供观赏，还有一些较为简单的花草盆栽在民间流传。

汉末魏晋以后是中国政治腐朽、社会动乱的时代，许多仕途不顺而不得志的士大夫以山林乡间为乐，以隐居田园为清高。他们遨游名山大川，寄情山水幽林之间，并不惜投巨资修建私家别墅，将理想的生活与山林自然之美结合起来，使得中国的古典园林得

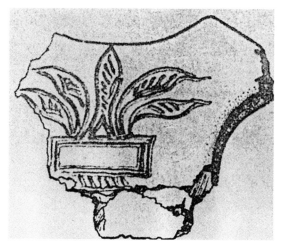

图1-2-1 新石器时期五叶纹陶片

图1-2-2 东汉墓壁画中盆栽图案

到了空前的发展。这对盆景的影响无疑是巨大的，使简单的盆栽逐渐发展成具有画境、意境的盆景，这个质的飞跃，是和古典园林的发展分不开的。据史书记载，我国历史上的园林假山营造堆叠在汉代已相当普遍，"茂陵富民袁广汉，于北山下筑园，东西四里，清流激湍，构石为山，高十余丈"记述的便是茂陵袁氏在家投资兴建山水园林别墅的情景。

（2）盆景的形成期（唐代）

唐代（618—907年）是我国封建社会中期的兴盛时代，其经济、政治、外交、文化都达到了鼎盛，并对周边小国产生了前所未有的巨大影响。文化方面，无论是天文学还是医药学、宗教学、文学等，都留下了灿烂宝贵的文化遗产。以此为背景，盆景艺术在形式、题材、诗画意境等方面都得到了突飞猛进的发展。

唐代尚未明确出现"盆景"一词，多以"盆栽"叫法为主。从考古、绘画、文字和史料中可以看出，唐代的各类盆景制作技艺均已趋于成熟。

1972年陕西乾陵发掘的唐章怀太子李贤之墓（建于706年）甬道东壁上生动地绘有几名侍

女：侍女一，高髻圆脸朱唇，黄衫、黄裙、绿披巾，云头鞋，手持莲瓣形盘，盘中有绿叶、红果；侍女二，圆脸朱唇，戴幞头，圆领长袖袍，窄裤腿、尖头鞋，束腰带，双手托一盆钵，盆钵中有假山和小树（图1-2-3）。这是迄今发现的最早的关于盆景的图画。

从文字资料中也可看出当时盆景的发展概貌。冯贽的《云仙杂记》中记载："王维以黄瓷斗贮兰蕙，养以绮石，累年弥盛。"说明盆景已不仅仅是宫廷的专利，也开始在民间流行，士大夫也以制作盆景为时尚。

图1-2-3　唐章怀太子墓壁画

台北故宫博物院藏画中有唐代阎立本绘制的《职贡图》，画中有以山水盆景为贡品进贡的描绘。画中有一大一小两座"三峰式"山水盆景，盆内山石玲珑剔透、奇形怪状，其造型非常符合"瘦、漏、透、皱"的赏石标准（图1-2-4）。

此外，唐代文献中有许多关于假山、山池、盆池、小滩、小潭、叠石、累土山等方面的描述和记载。这些文献虽未明确提出"山水盆景"的字样，但从中可以看出当时的人们在居室内制作和欣赏山水景观已蔚然成风。这些山水景观，大的可在厅前屋后、院落之间，蓄一池清水，置几块山石；小的可摆在室内，与当今盆景无异。

唐代的树桩盆景亦大有建树。当时在狭

图1-2-4　唐阎立本《职贡图》局部

小空间中表现大自然景色、被称为"壶中天地"的庭院艺术在士大夫之间流行，文人们喜爱树形奇特、枝叶婆娑的小松树，并为之撰写咏颂诗文。如李贺的《五粒小颂歌》："蛇子蛇孙鳞婉婉，新香几粒洪崖饭。绿波浸叶满浓光，细束龙髯铰刀剪。主人壁上铺州图，主人堂前多俗儒。月明白露秋泪滴，石笋溪云肯寄书。"对松树盆景进行了形象生动的描写，将其遒劲嶙峋的主干、翠绿逼人的针叶、反复盘扎的枝条和神采奕奕的姿态刻画得淋漓尽致。由此可知唐代对野生植物移植培育以供观赏的技术已日臻完善。

与盆景艺术密切相关的赏石文化也在唐代达到高潮。有许多关于奇石的诗赋，如白居易的《太湖石》《问支琴石》《双石》，李德裕的《奇石》《题罗浮石》《似鹿石》《海上石笋》《泰山石》等。白居易一生嗜爱山石，留下了"唯向天竺山，取得两片石"的佳话，更有"烟萃三秋色，波涛万古痕；削成青玉片，截断碧云根；风气通岩穴，苔文护洞门；三峰具体小，应是华山孙"。这些都是用来描绘山水盆景的优美诗句。

（3）盆景的发展期（宋代）

宋代（960—1279年），随着经济的发展和人们生活水平的提高，一种服务于观赏娱乐的新型产业——花卉业诞生了。赏花成为一种时尚，花木品种不断增加，栽培技术日趋发展，同时出现了30多部总结花木栽培经验的著作，如周师厚编撰的《洛阳花木记》、进士温革的《分门琐碎录》、范成大撰写的《桂海虞衡志》等。这大大促进了宋代盆景的发展，尤其是栽培技艺的发展，并从宫廷普及到了民间。在宋代，不论宫廷还是民间，以奇树怪石为观玩品已蔚然成风。可以判断，宋代已出现"植物盆景"与"山石盆景"两大类。

南宋时期王十朋所著的《岩松记》是我国最早传播树石盆景的著作。《岩松记》载：友人"有以岩松至梅溪，异质丛生，根衔拳石茂焉，匪枯林焉，匪乔柏叶松身气象筝焉，藏参天覆地之意于盈握间，亦草木之英奇者，予颇爱之，植以瓦盆，置之小室，稽古之暇，寓陶先生郑处士之趣焉"。王十朋用晋代陶渊明植菊瓦盆之法，将岩松"植以瓦盆，置之小室"，一举开创了中国树石盆景的先河。因为彼时的岩松已经被制成具有艺术美的盆景，既有"藏参天复地之意"的艺术境界，又有"草木之英奇者"的个性风格，它是以树木和岩石为素材"根衔拳石""地盈握间"的小中见大的树石盆景艺术品。

今北京故宫博物院内收藏的宋人绘画《十八学士图》四轴中，有两轴绘有盆松，盖偃盘枝、针如屈铁、悬根出土、老本生鳞，这是宋代盆景的又一物证，从中可以看出制作技艺之高超（图1-2-5、图1-2-6）。

图1-2-5 《十八学士图》之一　　图1-2-6 《十八学士图》之二

南宋杜绾的《云林石谱》中"昆山石"一节提到将某些小树或草本植物栽植于山石之中低凹处，再置山石于水盆中，构成海岛悬松、山崖苍柏等别具一格的风景景致，这便是早期的附石式盆景。昆山石玲珑剔透、洁白可爱，是古代附石式盆景中常用的石种。

盆景植物的造型和养护，以及盆景山石的制作技巧在宋代也有了很大的发展和提高，有些方法即使到了现代依然适用。何应龙的《橘潭诗稿》中一句"体蟠一簇皆心匠，肤裂千梢尚手痕"，精炼地概括了当时盆梅的整形技术。"体蟠"指用人工绑扎的方法对盆梅的枝干进行整形，"肤裂"指人工整形后在枝干上留下的痕迹，"一簇"和"千梢"指的是盆梅经过整形修剪后所具有的多枝条树姿，而"皆心匠"和"尚手痕"则表明这盆梅的优美姿态不是来源于自然，而是创作者匠心独运的手工绑扎的结果。

到了宋代，人们开始对盆景有了题名之举。据《太平诗话》中记载，宋代田园诗人范成大爱玩赏英德石、灵璧石和太湖石，并在奇石上题"天柱峰""小峨眉""烟江叠嶂"等景题，使盆景奇石与书画艺术相融通，言明起名者的精神寄托，使人进一步了解作品寓意，起到画龙点睛的作用。现代盆景也都参照此法，题款嵌字，更显典雅隽永。

不同艺术之间是可以融会贯通的。宋代盆景的设计、布局以及所追求的诗画意境在很大程度上都受到了绘画艺术的影响。宋代的绘画艺术达到了较高的水平，特别是山水花鸟画的崛起，对盆景的构思发展起到了很大的促进作用。与其相关的赏石艺术也盛极一时，许多文人大家都对奇石情有独钟，甚至嗜石成痴成狂，留下了许多描写奇石的佳作，还出现了研究山石的专著。如杜绾的《云林石谱》一书中记载有石品达116种之多，对各种石种的出产地、形状、颜色、品质和采集法，以及山石盆景的石料，均有较详细的论述。

（4）盆景的成熟期（明代、清代）

中国盆景发展到了明代（1368—1911年），由于两淮盐运业的繁荣，带动苏州和扬州经济的繁荣，园林复兴，盆景亦随经济的繁荣而兴旺。扬州盆景园原收藏的一盆明末圆柏盆景为古刹天宁寺遗物，干高二尺[*]，屈曲如虬龙，应用"一寸三弯"手法将枝叶蟠扎而成"云片"（图1-2-7）。正如屠隆在《考槃余事·盆玩笺》中云："至于蟠结，柯干苍老，束缚尽解，不露做手，多有态若天生。"天启年间，文震亨所著《长物志·盆玩篇》中云："盆玩，时尚以列几案间者为第一，列庭榭中者次之，余持论反是。最古者以天目松为第一，高不过二尺，短不过

图1-2-7 明末圆柏盆景

* 1尺≈33.3cm，余同。

尺许，其本如臂，其针如簇。"以上古书典籍摘录，印证了明代扬州、苏州一带盆景种植造型已较为普及，并在东南沿海各地流行，剪扎技艺已较为熟练，盆景已经进入了巨贾富商的庭院（图1-2-8）。明代苏州、扬州等地盆景已具备各自的特点，为在清代形成鲜明地方流派奠定了基础。

中国盆景发展到了清代（1644—1911年）之后，盆景已经在苏州、扬州、南通、浙江、安徽等地大大普及，广为流传，并在各地结合本地历史文化各具地方特色。在盆景形式上，已经创造了树桩盆景和山水盆景，不仅造型丰富多彩，而且讲究意境，并将中国国画的画理融入盆景造型之中，盆景专家应运而生，有关盆景的著作不断出现（图1-2-9）。

清代早期与中期，江南漕运与盐运出现极度繁荣。扬州设立两淮盐运使，全国各地盐商云集扬州。康熙与乾隆两帝六下江南，苏州、扬州等地官僚为迎合帝王巡游，大力修建楼台画舫，广筑园林，大兴盆景，有"家家有花园，户户养盆景"之说，并在保留明代传承的盆景风格同时，切磋取舍，不断提高，形成流派。

图1-2-8 明代绘画作品局部

图1-2-9 清代绘画作品局部

（5）盆景的复兴期（当代）

自改革开放以来，中国盆景开始复兴。在这个阶段，人们对盆景的认识逐渐加深，对盆景的分类日臻完善，出现了目前常用的盆景分类：山石盆景、树木盆景及树石盆景。而整个历程的开始是1979年，国家城市建设总局为振兴盆景，在北京北海公园举办首届"全国盆景展览"，当时全国有54家单位的1100盆盆景参加展出，以后每4年举办一次全国盆景展。1981年在北京香山成立中国花卉盆景协会（后更名中国风景园林学会花卉盆景赏石分会，下文简称分会）后，各地纷纷成立地方盆景协会，关于盆景的专类杂志也陆续创刊发行，自此拉开了中国盆景复兴发展的序幕。

环节二　总结制作表格

1. 汇总资料

将收集到的资料进行分类。对本书上提供的材料进行重点标记，对网络搜集资料进行整理后打印，将查阅到的课外书籍上的内容摘抄到笔记本上。

2. 课堂讨论

学生将整理好的重点内容进行汇报并进行讨论后，补充、修正、完善自己的内容。

3. 将整理好的内容填到下面的表格中

序号	时期	时间（朝代）	特点
1	萌芽期		
2	形成期		
3	发展期		
4	成熟期		
5	复兴期		

任务三
认识盆景的流派

【任务描述】

为社区居民进行中国盆景知识的普及，制作一个关于中国盆景流派的PPT，图文并茂地向大家介绍中国盆景的流派及风格。

【任务目标】

1. 了解盆景流派的特性。
2. 了解盆景流派的划分标准。
3. 掌握6个主要传统盆景流派的派别及特征。
4. 了解创新派盆景的特点。

【任务流程】

学习盆景流派的相关知识 ➡ 制作关于盆景流派的PPT

环节一　学习盆景流派的相关知识

1. 流派的定义

流派指的是学术思想、文化艺术方面因风格类型上的差异而形成的派别。盆景的流派指的是盆景创作和盆景学术理论方面因风格类型上的差异而形成的派别。也就是说，盆景艺术在某一时间和范围内，由于艺术家们的思想倾向、艺术追求、表现手法等方面的不同，而形成许多不同的派别，这些派别简称为流派。

2. 盆景流派的特性

（1）客观性

盆景流派是中国盆景艺术中一种客观存在的艺术现象，是盆景艺术发展到一定阶段的必然产物。就其本质来讲，它是盆景的个人风格、地方风格的差异性的反映。因此，只要这种差异存在，盆景的风格、流派就客观存在，这是不以人的意志为转移的客观现象。

（2）区域性

由于中国盆景是师徒传教式，而且这种传教方式有一定的地域性和关系性限制，再加上地方文化、习俗、植物资源、气候条件等地理因素的区域性差异，所以形成了盆景艺术流派的区域性。

（3）成熟性与保守性

流派的出现标志着某一区域盆景发展达到成熟，代表着一个地域的盆景发展的最高水平。同时，流派的出现使盆景的制作程式化或公式化，反过来又限制盆景向前发展，成为盆景发展的阻力。这就是盆景流派的成熟性与保守性。

（4）可变性

盆景创作要受当地时代政治、哲学、经济基础和其他文化艺术、社会风尚以及个人生活经历的综合影响，所以随着时代的发展和人们审美观的改变，盆景艺术也会出现不同程度的改变，甚至会诞生新的流派。

（5）可创性

流派是根据个人风格、地方风格逐渐形成的，这个过程称为创派。在一个地区，一种新的个人风格的出现，可能导致在一个地区形成新的地方风格，所以也就可能形成一个新的流派。

（6）与民族风格的统一性

所谓民族风格，就是指中华民族的盆景艺术家们在其创作的盆景作品中所表现出来的艺术特色和创作个性。这种特色和个性只有在与世界各国的文化交流、盆景贸易中才能充分表现出来。更具体地讲，中国盆景各流派的优秀作品在外国人看来，集中体现了中华民族盆景艺术的特点和个性。

（7）政策性

"流派兼容并蓄，提倡百花齐放"是发展中国盆景的口号。它包括两层含义：一是流派不分大小、地方风格，一视同仁，互相尊重，取长补短；二是对于在创新中出现的难以归类的作品，不必大惊小怪，不要简单地把它们说成是离经叛道，那样不符合百花齐放的方针。

3. 盆景流派的划分方法

目前所说的传统盆景艺术流派的划分标准主要是树桩盆景的造型特点及技法。盆景流派的划分方法主要有以下几种：

（1）按地域划分

有四川的川派、苏州的苏派、扬州的扬派、上海的海派、安徽的徽派、南通的通派、岭南（广东、广西）的岭南派、浙江的浙派等。

（2）按加工方法划分

采用棕丝法的扬派、苏派、川派、通派、徽派，采用金属丝蟠扎的海派、浙派，仅采用修剪方法的岭南派等。

（3）按造型划分

规则式的有川派、扬派、通派、徽派，半规则式为主的有苏派，不规则式的有海派、浙派，自然式的有岭南派等。

4. 主要传统盆景流派特点

（1）岭南派盆景（图1-3-1）

"岭南"指广东、广西一带，地处亚热带，气候温暖，雨量充沛，野生植物资源丰富，可作盆景桩头的树种甚多。九里香、福建茶、栀子（水横枝）、春花、罗汉松、朴树、入地金牛（两面针）为华南所产，而雀梅、榔榆、六月雪、榕树在当地生长速度较快，这些树种或枝干凌节嶙峋，或株矮叶小，或萌发力强，或耐修剪，成为岭南派盆景的传统树种。

岭南派盆景受岭南画派的影响，创造了以蓄枝截干为主的独特的折枝法构图，形成挺茂自然、飘逸豪放的特色。创作题材或师法自然，或取于画本，分别创作了秀茂雄奇大树型、扶疏挺拔高耸型、野趣天然自然型、短干密叶叠翠型等具有明显地方特色的树木盆景；又利用华南地区所产的天然观赏石材，创作

图1-3-1 岭南派盆景

出再现岭南自然风貌为特色的山水盆景。岭南派盆景多用石湾陶盆和陶瓷配件，并讲究景盆与几架的配置，题名托意，体现了"一树（石）二盆三几架"的艺术效果，成为我国盆景艺术流派中的后起之秀和重要组成部分，在海内外享有较高的声誉。

（2）川派盆景（图1-3-2）

"川"指四川一带，此处气候温暖湿润，自然资源极为丰富，适于制作盆景的树种繁多，因此川派盆景在乡土树种选用上得天独厚。川派树木盆景一般选用金弹子、罗汉松、银杏、火棘、六月雪、贴梗海棠、梅花、茶花、杜鹃花等植物。山水盆景则以砂砾石、钟乳石、云母石、龟纹石为主要材料。

小贴士

蓄枝是指对新萌动出来的枝条进行蓄养。截干就是对树干回缩，即把不符合造型要求的主干和长短不合比例要求的枝条截短或疏掉，让树桩再度萌发，重新长出侧枝。

蓄枝截干具体操作方法：当树木主干上的侧枝长到所需要的粗度时，进行强度剪截，同时选留角度、位置适合的次级侧枝（或芽），待次级枝条蓄养到所需要的粗度时，再次进行强度剪截，以下各级侧枝都按此法进行。一般每一枝上留两个左右的小枝（或芽），一长一短，经多年修剪后，可形成枝干比例匀称、曲折有力的形态效果。

图1-3-2　川派盆景

图1-3-3　扬派盆景

川派盆景有着极强烈的地域特色和造型特色。川派树木盆景展示虬曲多姿、苍古雄奇的特色，同时体现悬根露爪、状若大树的精神内涵，讲求造型和制作上的节奏和韵律感。主干造型有掉拐、对拐、方拐及滚龙抱柱等，枝盘造型有小滚枝、大滚枝、半平半滚枝等，这些造型手法都是川派盆景所特有的。另外，常以棕丝蟠扎为主，结合剪扎，即用棕丝在树干和分枝上蟠出连续渐变的半圆形弯，并施以修剪。初造型时，以蟠扎为主，之后以补蟠、修剪为主。其造型方法分为规则型和自然型两种。川派山水盆景展示山水巴蜀的雄峻、高险，以"起、承、转、合、落、结、走"的造型组合为基本法则，气势上构成了高、悬、陡、深的大山大水景观。在制作手法上，通过对山体轮廓线的敲削、黏合、截接、理纹，构成景观的藏露、凹进凸出、飞垂倒挂、挑悬离合。

（3）扬派盆景（图1-3-3）

"扬"指扬州一带，地处长江中下游北岸冲积平原，属暖温带气候，是我国亚热带到温带的渐变地带，四季分明，植物丰富。在历代经济繁荣、人文荟萃沉淀下，盆景注重选择常绿、长寿树种，其中以松、柏、榔榆、黄杨为代表，别树一帜。

扬派盆景艺人受高山峻岭翠柏的启示，依据中国画"枝无寸直"的画理，创造了应用11种棕丝盘扎技法组合而成的扎片艺术手法，使不同部位的长枝呈现"寸枝三弯"的造型效果。将枝叶剪扎成枝枝平行而列、叶叶俱平而仰，如同漂浮在天空中的极薄的云片，层次分明、严整平稳，富有工笔细描装饰美的地方特色。这种源于自然并高于自然的地方特色得到发展，并在以扬州、泰州为中心的地域广泛流传，形成流派，并被列为中国树木（桩）盆景五大流派之一。

（4）苏派盆景（图1-3-4）

苏派盆景以树木盆景为主，古雅质朴、老而弥健、气韵生动、情景相融、耐人寻味。苏派盆景摆脱过去成型期长、手续烦琐、型式呆板的传统造型手法的束缚，注重自然、型随桩变、成型求速。采用粗扎细剪的技法，对主要树种如榆、雀梅、三角枫等，均采用棕丝把枝条蟠扎成平而略为垂斜的两弯半"S"形，然后用剪刀将枝片修成椭圆形，中间略隆起呈弧状，犹如天上的云朵。对石榴、黄杨、松、柏类等慢生及常绿树种，在保持其自然形状的前提下，蟠扎其部分枝条，使其枝叶分布均匀、高低有致。在蟠扎过程中，苏派盆景力求顺乎自然，避免矫揉造作。其修剪也以保持形态自然、美观为原则，只剪除或摘除部分"冒尖"的嫩梢，成为苏派盆景的主要特色。另外，结"顶"自然，也是苏派盆景的独到之处。

图1-3-4　苏派盆景

苏州气候温和，雨量充沛，盆景资源丰富。苏派盆景选材以各种可供观赏的枯干虬枝木本植物为主，可分两类：一类为落叶树种，如榆、雀梅、三角枫、银杏、紫藤、紫薇、六月雪、梅等；另一类是常绿树种，如松、柏、黄杨、冬青、杜鹃花、竹类等。这些树种具有古朴嶙峋、葱翠劲健、潇洒清秀、清丽茂密、艳姿丰实、独具姿色的特点。

（5）徽派盆景（图1-3-5）

"徽"指安徽一带，位于我国东南部长江下游，地处新安江上游黄山、白际山之间，山清水秀，气候适宜，雨量充沛，土地肥沃。徽派盆景历史悠久，种类较多，以徽梅、徽柏、黄山松、罗汉松为主，还有翠柏、黄杨、蜡梅、杜鹃花、南天竹、榔榆等。

徽派盆景以古朴、奇特、遒劲、凝重、浑厚为特色，具有独特的汉族传统艺术风格，至今有800多年的历史，以游龙梅桩驰名海内盆苑，并于清代乾隆年间在绩溪仁里等地形成了每12年一举、规模宏大的徽派盆景展览。其中树木造型采用棕丝、棕绳、棕皮、树筋、苘麻等材料进行粗扎粗剪，并用树棍插在土中作支撑，帮助造型。在树木幼小时就开始加工，每一两年重扎一次，采用先扎后剪的方法，小枝则略粗剪。待长老成型后效果一般都很好，具有一种奇特苍古的韵味。

图1-3-5　徽派盆景

（6）海派盆景（图1-3-6）

"海"指上海一带，其盆景广泛吸取了国内各主要流派的优点，同时借鉴了日本及海外盆景的造型技

图1-3-6　海派盆景

巧,形成了师法自然、明快流畅、苍古入画的艺术特点。在创作的过程中,根据树坯外形,参照画意,模拟各类古树形态特征,因势利导,进行艺术加工,使其形神兼备。桩景多用浅盆,使粗根盘曲、裸露,更利于显示树木的雄伟古朴。海派盆景中树木盆景的树种和山石盆景选用的石种都比较丰富,其中树木盆景的树种已达140余种,以常绿松柏类和形色并丽的花果类为主,如罗汉松、五针松、真柏、榆、雀梅、金钱松、三角枫、迎春、紫薇、六月雪、红果天竺、石榴等。

海派盆景以粗扎细剪为主要的创作艺术手法。粗扎即用金属丝绕主干、支干后进行弯曲。基本形态扎成后,对小枝逐年进行修剪、剥芽,使其形成并保持美态。用金属丝进行整形,可使枝条的弯曲角度、方向、距离变化多端,曲直自如,不仅省工省时、养护简便,而且枝条明快流畅,形态浓厚古朴、刚柔并济。

环节二 制作关于盆景流派的PPT

1. 选择介绍的派别

选出4个传统盆景派别,整理汇总查找到的派别特征资料。

2. 课堂讨论

学生将整理好的盆景传统派别资料进行汇报并共同进行讨论后,补充、修正、完善自己的内容。

3. 将整理好的资料制作成PPT

① PPT内容包含派别名称、地域分布、造型特征等,并配以派别代表作品图片2~3张。

② PPT中至少介绍4个派别。

③ 展示自己的PPT,要求仪态大方、语言流畅。

任务四
认识盆景的价值

【任务描述】

制作一份关于盆景的调查问卷，对学校附近的花卉市场及居民区进行问卷调查，对数据进行分析后，总结盆景在人们生活中的作用与价值。

【任务目标】

1. 了解当地盆景业市场情况。
2. 掌握盆景的价值。

【任务流程】

设计制作调查问卷 ➡ 发放、回收调查问卷并统计分析问卷结果

环节一　设计制作调查问卷

1. 分组

做调查问卷一定要多发动一些同学、朋友来一起出题，集思广益，然后从大量的题目中筛选出合适的题目。一个人是不可能想出多方面、多角度的问题的，所以务必要团队合作。每个小组成员要分工具体，以方便工作的开展。

建议4~6人一组。问卷制作过程中，1人组织讨论，1人记录问题并制作，2~4人提出问卷需调查的问题。发放、回收调查问卷阶段，每人分配适量问卷，划分调查区域，分头调查并回收。统计分析问卷结果阶段1~2人统计，2~3人分析结果、提出结论，1人归纳汇总结论。

2. 调查问卷基本结构设计

首先要确定一个醒目的标题，能让被调查者很快明白调查的意图。这要根据调查的内容精炼提取，简单易懂即可。其次设计调查问卷的结构，一般包括3个部分：前言、正文和结束语。

（1）前言（说明语）

前言即问候语，向被调查对象简要说明调查的宗旨、目的和对问题回答的要求等内容，引起被调查者的兴趣。

（2）正文

该部分是问卷的主体部分，主要包括被调查者信息、调查项目、调查者信息3个部分。

（3）结束语

在调查问卷最后，简短地向被调查者强调本次调查活动的重要性以及再次表达谢意。

3. 调查问卷问题设计

首先，要确定主题和调查范围。其次，要分析了解各类被调查对象的基本情况，以便针对其特征来准备问卷。

调查问卷中的问题一般可以分为封闭式问题和开放式问题。其中封闭式问题包括单项选择题、多项选择题等。开放式问题一般有完全自由式问题、语句完成式问题等。

问卷中的问题要围绕人们对盆景的认知、在盆景上的投入及盆景对人们生活的影响等内容进行设置。

小贴士

调查问卷问题设计要尊重以下几个原则：必要性原则、准确性原则、客观性原则、可行性原则。

调查问卷样式：

_____地区盆景市场情况调查问卷

您好！占用您的宝贵时间我们深感歉意。非常感谢您参与我们的问卷调查，我们是××学校的学生，此次调查是为我们学习盆景价值的相关知识做准备，主要调查人们对盆景的销售购买情况及对盆景价值的认知，不存在任何商业用途，更不会泄露您的任何隐私。整个问卷中涉及的题目均没有对错之分，请根据您的实际情况填写，无需署名。谢谢您的合作！

被调查者类别：

□盆景商户　　□非盆景商户

一、单项选择题（请您在选择项目前"□"内打"√"）

1.您对盆景是否了解：

□ 行业内人士，很了解　　□ 盆景爱好者，比较了解　　□ 见过，不了解

2.您在盆景上投入的金额：

□ 300元以下（含300元）　　□ 300～1000元（含1000元）　　□ 1000元以上

3.……

4.……

5.……

6. ……

7. ……

8. ……

9. ……

10. ……

二、多项选择题（请您在选择项目前"□"内打"√"）

11. 您所见过的盆景类别有：

□ 由石质材料造型而成的盆景　　□ 由植物材料造型而成的盆景

□ 由植物和石质材料组合的盆景　　□ 其他

12. ……

13. ……

14. ……

15. ……

三、个人信息（请您在选择项目前"□"内打"√"）

16. 您的性别：□男　　□女

17. 您的年龄：□25岁及以下　　□26～40岁　　□41～60岁　　□60岁以上

问卷到此结束，再次感谢您的合作！祝您生活愉快！

环节二　发放、回收调查问卷并统计分析问卷结果

1. 发放并回收调查问卷

① 发放问卷选择的区域要均衡，既要有商业区域，也要有生活区域。

② 发放问卷选择的人员要随机，男女老少都要有。

③ 及时回收调查问卷，尽量做到随发随收。

2. 统计分析问卷结果

① 挑出有效的问卷并计数。

② 对每个问题的答案计数，要做到准确快速。

③ 逐一分析数据所反映的原因。

④ 小组讨论，汇总分析原因。

以下是盆景价值在现代社会中的一些具体体现，可作为结论的参考内容。

艺术价值：盆景作为"高等艺术"，是一种珍贵的、优美的艺术品，具有很高的艺术观赏价值。它的艺术价值的大小取决于作品本身的艺术造型、材料的品质、创作技艺以及蕴含的艺术境界。

人们观赏盆景，可以提高艺术修养，陶冶性情，培养高尚情操。当人们在盆景中看到刚劲挺拔、体态矫健的松树和凝霜傲雪、姿态优美的梅花时，常常为其坚贞高洁的形象所激励；当人们看到千姿百态的黄山奇峰、山清水秀的桂林山水时，往往会更加热爱祖国的锦绣河山，热爱生活，提高民族自豪感。观赏盆景艺术，如同领略名山大川、崇山峻岭、悬崖峭壁、秀山丽水、参天大树、丛林溪涧、沙漠荒野等大自然多姿多彩的美景，使人感到"不移寸步"便能"遍游天下"，从而得到自然美的享受。

社会价值：盆景除了作为一种艺术品，具有很高的艺术价值外，同时还具有多方面的实用价值。

——美化生活。盆景可用来装点居室，美化生活环境，从而进一步丰富人们的文化生活和精神生活。当人们经过一天的紧张劳作以后，欣赏精美无比的盆景，可以消除疲劳，顿觉心旷神怡，同时还能增加对大自然、对生活的热爱，增强建设美好未来的信心和决心。

——改善环境。盆景可以净化空气，改善居室环境。树桩盆景的植物材料可以进行光合作用，吸收CO_2，放出O_2，使室内空气保持清洁新鲜；有些植物如松树、柏树还能吸收低浓度的有害气体，甚至分泌杀菌物质杀死某些病菌。山水盆景中的水可自动调节室内空气湿度，避免空气过分干燥，尤其对高层居室作用较为明显；植物的绿色则可保护眼睛和调节情绪。伏案工作之余凝视一盆精致的盆景，可达到很好的调节效果，对健康非常有益。

——提高人们的艺术修养。懂得盆景艺术的特点，学习盆景制作的技法，对增强个人的艺术修养有较大益处。

——文化交流。盆景作为我国传统的园林艺术的一个分支，代表中华民族同世界各国进行文化艺术交流，并多次获奖，博得各国朋友的高度评价和赞赏，为祖国赢得了荣誉。在国际交往中，盆景还被用作馈赠礼品，对增进中国人民同世界各国人民的友谊起着积极作用。我国的盆景艺术已经得到了越来越多的外国朋友的青睐。中国盆景已经跨出国门，走向世界。

经济价值：

——有利于搞活经济、增加收入。制作盆景的材料是取之不尽、用之不完的廉价的树桩和石料，然而用其创造出来的作品却是难以估价的。可以说，盆景业是花费小、经济效益大的技术行业，甚至有些工业和农业也无法与之相比，因此有"养花是银罐子，作盆景是金罐子"的说法。也就是说，制作盆景可带来可观的经济效益。

——可拉动其他产业，支援国家经济建设。盆景越来越获得中外人士的赞赏和喜爱，近年来，为了满足人们对盆景艺术欣赏的需要，在国内和世界各地不断组织盆景展览，同时还建立了一些盆景园，吸引了成千上万的中外游客，促进了我国旅游事业的发展，支援了国家的经济建设。

文物价值：古老珍稀的盆景既是一种艺术作品，又是一种有生命的文物。其既有珍贵的古树名木，又有古老的盆钵、几架，具有重要的历史意义和较强的纪念性，所以盆景也是我国历史文物宝库中的珍品之一。

单元小结

　　本单元内容为盆景的概念，中国盆景的历史文化传统，各历史时期具有的特征，中国盆景萌芽期、发展期及成熟期的特点，以及中国传统盆景流派及特征、盆景具有的各方面的价值及盆景在当代社会的发展与创新。

　　了解盆景基础知识，是学好盆景课程的基础。掌握学习的方法，可以使我们在后面的学习过程中更加顺利。只有了解深入，才能爱好盆景，才能使中国的盆景文化得以传承和发扬。

单元练习与考核

【单元练习】

一、名词解释

1. 盆景　2. 盆景流派　3. 盆景的微观性　4. 身法　5. 蓄枝截干

二、填空

1. 盆景是＿＿＿＿＿＿＿＿＿＿＿三者有机结合的整体艺术形象，因此，创作构图时必须考虑整体艺术效果。盆景同园林一样，都具有＿＿＿＿＿＿＿特性，既有空间的艺术造型，又有景色的季节变化，因此，盆景创作构图是复杂的＿＿＿＿＿＿＿构图。

2. 明末清初，扬州、南通及苏州、杭州等地民间盆景盛行。在盆景形式上，已经创造了＿＿＿＿＿＿＿盆景和＿＿＿＿＿＿＿盆景，不仅造型丰富多彩，而且讲究意境，并将中国＿＿＿＿＿＿＿融入盆景造型之中。

3. 盆景流派具有＿＿＿＿＿＿＿、＿＿＿＿＿＿＿、＿＿＿＿＿＿＿、＿＿＿＿＿＿＿等特性。

三、简答

1. 简述盆景与盆栽的区别。

2. 简述盆景艺术的多样性。

3. 简述盆景的价值。

四、思考与讨论

为推动中国盆景行业发展，可以在哪些方面做出努力？

【考核标准】

一、考核评分表

任　务	任务一	任务二	任务三	任务四
内　容	盆景的定义与特点	盆景的历史发展	盆景的流派	盆景的价值
分值（分）	25	25	25	25
实际得分（分）				

二、考核内容及评分标准

1. 盆景的定义与特点（25分）

（1）为参观盆景园，相关资料准备充分，按时完成。（21～25分）

（2）为参观盆景园，相关资料准备较充分，按时完成。（15～20分）

（3）为参观盆景园，相关资料准备不充分，未按时完成。（15分以下）

2. 盆景的历史发展（25分）

（1）为制作盆景历史发展表，资料准备全面，在规定时间内完成，表格内容完整、准确，制作过程中小组成员合作协调。（21～25分）

（2）为制作盆景历史发展表，资料准备较全面，在规定时间内完成，表格内容较完整、准确，制作过程中小组成员合作协调。（15～20分）

（3）为制作盆景历史发展表，资料准备不全面，未按规定时间完成，表格内容不完整、不准确，制作过程中小组成员合作不顺利。（15分以下）

3. 盆景的流派（25分）

（1）为制作盆景流派PPT，资料准备全面，在规定时间内完成，PPT内容准确、美观，制作过程中小组成员合作协调。（21～25分）

（2）为制作盆景流派PPT，资料准备较全面，在规定时间内完成，PPT内容较准确、美观，制作过程中小组成员合作协调。（15～20分）

（3）为制作盆景流派PPT，资料准备不全面，未在规定时间内完成，PPT内容准不完整，制作过程中小组成员合作不顺利。（15分以下）

4. 盆景的价值（25分）

（1）为制作调查表，资料准备全面，在规定时间内完成调查任务，调查报告中分析结果准确、全面，调查过程中小组成员合作协调。（21～25分）

（2）为制作调查表，资料准备较全面，在规定时间内完成调查任务，调查报告中分析结果较全面，调查过程中小组成员合作协调。（15～20分）

（3）为制作调查表，资料准备不全面，未在规定时间内完成调查任务，未完成调查报告，调查过程中小组成员合作不协调。（15分以下）

单元二
盆景造型艺术赏析

单元介绍

　　中国盆景以具诗情画意见胜，它的每个造型都蕴含着丰富的美学原理。本单元以美学原理为切入点，分析各类盆景造型，挖掘盆景艺术魅力，提升对盆景作品的欣赏水平，为盆景制作做艺术理论知识的准备。

单元目标

1　学习并掌握常见盆景造型样式。

2　了解美学原理的基础知识。

3　能够利用美学原理对盆景作品进行客观的分析与评价。

单元知识学习

一、盆景与诗、画的关系

盆景和诗、画艺术一样，都是源于自然、源于生活，只是它们的表现形式各不相同。它们之间相互渗透、相互借鉴。诗、画常取材于园林、盆景，而园林、盆景的创作又强调富有诗情画意。因此，盆景的立意、布局造型无不受到诗、画的影响和启迪，许多优秀的盆景作品就是借鉴了绘画的表现技法创作而成的。但盆景又不同于诗、画，它受到客观条件的诸多限制。诗是用文字的形式来表达人们的情感，描写事物，它不受空间的限制。画可以利用画幅的边角勾勒出半个山峰，以表示山岭绵延，而盆景却没有边角可以依助，只能做成完整的山峰，故又受到空间的限制。

盆景艺术流派众多，风格纷繁，造型布局也存在着一些差异。它们虽然形式和风格不同，却都遵循一些共同的规律和基本原则。只要掌握了这些规律和原则，再结合自身的艺术才能加以正确发挥，在进行盆景创作时就会得心应手。

二、传统诗、画艺术在盆景中的具体体现

1. 意在笔先

立意即构思。盆景创作的立意，就是想表现什么、如何去表现。一个作品成功与否，与其立意的优劣有直接的关系。正如清代诗画家方薰在《山静居画论》中所言："作画必先立意以定位置，意奇则奇，意高则高，意远则远，意深则深，意左则左，意庸则庸，意俗则俗。"概括地说，立意是盆景所要表现的主题思想，意境是指盆景艺术作品的情景交融，并与欣赏者的情感、知识相互沟通时所产生的一种艺术境界。

2. 扬长避短

首先，要根据各类树木的特点，因材制宜，扬长避短。比如，铺地柏匍地而生，适宜制成悬崖式桩景；桎柳叶细枝柔，最适合作垂枝式盆景。

其次，同一树种也要充分利用素材的长处，扬长避短。突出优美耐看的部位，而把有缺陷、不够美观或者多余的部分去掉，若不能去掉则把前者作观赏面，后者作非观赏面，山水盆景亦然。

3. 统一协调

首先，一件盆景佳作各部分必须统一协调，浑然一体。树木盆景的主要观赏部位虽然不同，有观叶、观花、观果、观根等区别，但作为一棵树木来讲，根、干、枝、叶、花、果各部分必须协调。其次，树种的生物学特性与造型要协调。再次，根的长短与造型要协调，枝

干的长短和粗细要协调，枝片的大小与部位要协调。最后，树种、造型与盆的大小、形状、深浅、色彩要相互协调。此外，作品中山石和景物的点缀、几座的搭配等也应该协调。

4. 繁中求简

简不是目的，是手段。繁中求简，不是简单化，也不是越简越好，而是以少胜多、以简胜繁。比如，在山水盆景中配峰适当的简，反而能突出主峰。在制作盆景时，应根据具体情况灵活掌握，当简则简，当繁则繁。

5. 以小见大

小是手段而非目的，小是形式，大是内容，以小的客体来表现主体的高大。不仅盆景如此，绘画、摄影、雕塑等艺术也都采用以小见大的艺术手法进行创作。所谓"以咫尺之图，写千里之景"，就是以小的画面表现大自然的雄伟壮丽，在艺术创作上以咫尺来达到千里的效果。桩景中，常用一高一矮、一大一小、一直一斜的造型，就是以高、大、直的为主体，矮、小、斜的为客体，达到以小衬大、以客衬主、突出主体的目的。

6. 主次分明

李成在《山水诀》中写道："凡画山水，先立宾主之位，决定远近之形。然后穿凿景物，摆布高低。"其讲的虽然是山水画的创作过程，但同时也是创作盆景时必须遵循的原则。

7. 疏密得当

画论中有"画留三分空，生气随之发"的论述。我国篆刻艺术著作中也有"疏可走马，密不容针"之说。疏和密既是矛盾又是统一的。密有赖于疏的烘托，疏有赖于密的陪衬，没有密就显不出疏，没有疏，密就无从说起。从盆景的总体布局来讲，应有疏有密，疏密得当；而从局部来讲，又应密中有疏，疏中有密。

8. 虚实相宜

一件好的盆景作品，应虚实相宜、疏密有致。虚实和疏密两者是密切相连的，不能截然分开。过密必实，过疏必虚。虚实、疏密的关系，具体表现在景和空白的处理上。过实会产生压抑感，过虚则有空荡无物之嫌。实是景，虚也是景，虚处能引起观赏者的联想。山水画的构图布局，要求留有一定的空白，这空白就是虚。但虚处不等于没有任何东西，而是意在笔外。空白能起到调节画面和突出主题的作用。盆景是立体的画，其构图原理与画是一致的。

9. 欲露先藏

景物要有露有藏，欲露先藏，方显含蓄。含蓄是诗、画、美术、根雕等艺术创作的共同要求。只有含蓄才能使人产生遐想。在盆景中，处理好露与藏的关系，就可展现出景外有景、景外生情的意境。如果只露不藏，一览无遗，观赏者就没有回味的余地了。

10. 静中有动

盆景如果仅有静态而无动势，便显得呆板而无生机。好的盆景作品应静中有动、稳中有险、抑扬顿挫、仪态万千。自然界中的树木因生长条件不同，许多树冠自然呈不等边三角形，如生长在悬崖上的树木，靠近山石一面的枝条短小，伸向山崖一边的长而多。在高山风口处生长的树木，枝条多弯曲，体态矮小，自然结顶，迎风面的枝条短，背风面的枝条长。就是自然生长的树木静态中的动势。除树冠外，树干不同的弯曲变化，造成各种各样的动势。此外，树木种植的位置也很重要。一般不宜栽植在盆中央而应偏向一侧，这样能使桩景显得活泼而具有动势。

11. 妙用远法

宋代著名画家郭熙在《山水训》中写道："山有三远：自山下而仰山巅，谓之高远；自山前而窥山后，谓之深远；自近山而望远山，谓之平远。……高远之势突兀；深远之意重叠；平远之意冲融，而缥缥缈缈。"其中的"三远"是国画理论中关于透视体系的具体论述，对盆景的创作同样具有指导意义。即便是孤赏式的桩景，也常通过在盆内适当的位置点缀类别、大小、形态适宜的山石或配件，以表现深邃的意境。

12. 曲直和谐

在盆景艺术造型中，曲线表示蜿蜒起伏的柔性美，直线表示雄伟挺拔的刚性美。简言之，曲为柔，直为刚。一件优秀的作品必须曲直和谐、刚柔相济。直中有曲，刚中有柔，以直来衬托曲，曲就显得更加优美，反之亦然。

13. 形神兼备

中国盆景历来讲究形神兼备，以形传神。所谓形，是指盆景外部形貌；所谓神，是指所蕴涵的神韵及个性。形是物质基础，没有形的存在，神也就无从谈起，但如果只追求形似，则作品所蕴涵的神韵及个性就难以表现出来。形似只是初级阶段，神似才是艺术家追求的最高境界。因为自然界的景观或多或少都存在着某些不足之处，盆景作品并不是把自然景观像摄影那样按比例缩小于盆中，而是通过艺术加工，使作品源于自然而又高于自然，取得自然美和艺术美的结合。这样，作品所蕴涵的神韵和个性会比自然景观的韵味、意境更为美好。因此，一件盆景佳作，必须形神兼备。

三、主要盆景类型常见样式

1. 树木盆景

常见样式有直干式、斜干式、卧干式、曲干式、悬崖式、枯干式、劈干式、风动式、丛林式、文人木式、附石式、象形式等。

2. 山水盆景

常见样式有高远式、深远式、平远式、孤峰式、群峰式、散置式、悬崖式、开合式、偏重式、景屏式、沙漠式、石材式、赏石式等。

3. 树石盆景

常见样式有水畔式、岛屿式、江湖式、附石式、大理石云盆式等。

任务一
均衡（对称式均衡与非对称式均衡）

【任务描述】

请观察盆景造型，利用盆景分类知识及均衡美学原理对其进行分析，为每件盆景写一份赏析文字。

【任务目标】

1. 了解对称式均衡与非对称式均衡的美学原理。
2. 能够利用均衡的美学原理分析盆景作品。

【任务流程】

　查阅相关资料 ➡ 观察盆景图片，撰写赏析文字

环节一　查阅相关资料

1. 树木盆景中常用各式造型特点

（1）直干式

树干直立或基本直立，枝条分生横出，雄伟挺拔、层次分明、疏密有致，大有古木参天之势。直干式树桩盆景又可分为单干式、双干式、三干式和丛林式4种。在树种选择上通常用松、柏、榆、杉、六月雪等作为盆景材料。

（2）斜干式

树干向一侧倾斜，一般略带弯曲，枝条平展于盆外，树姿舒展，疏影横斜，飘逸潇洒，颇具画意，整个造型具有险而稳固、生动传神、树势呈现动静变化平衡的统一艺术效果。所用材料多来自山野老桩，也有用老树加工而成，是桩景中使用手法最多的一种。常用树种有五针松、榔榆、雀梅、罗汉松、黄杨、刺柏、贴梗海棠、梅花、银杏等。

（3）卧干式

这类树桩的主干斜生，横卧或斜卧于盆面，树冠枝条则昂然向上，似雷击劈倒或飓风吹倾，生机勃勃，树姿苍老古雅，如倒木逢春或卧虎腾空或醉翁醒酒之势，野趣十足。配盆多用长方形盆，可配山石加以陪衬，以求均衡美观。

（4）曲干式

通过蟠扎使树桩主干盘曲向上，犹如游龙，细枝也是旋曲而生。此类桩景具有体态轻柔、刚柔相济、饶有生趣的韵味，是一种比较夸张的造型形式。材料主要用五针松、六月雪、榆等韧性比较好的树种。曲干式根据主干是否倾斜可分为正栽式和斜栽式两种形式。

（5）悬崖式

主干自基部附近有较大幅度的弯曲下垂至盆外，如生长在悬崖峭壁上的倒挂树木，似急流奔泻、蛟龙探海，又似倾泻而下的瀑布，刚劲潇洒，具有独特的艺术效果。配盆多用方千筒形盆，置于几案似崖壁。

（6）枯干式

主干枯朽，树皮斑驳脱落，露出蚀空的木质部，但常有部分韧皮部上下相连，冠部发出嫩枝绿叶，如枯木逢春，既返老还童又不失古雅情趣。枯干式一部分是自然形成的，另一部分是人工造成的。常用树种有荆条、梅花、石榴、圆柏等。枯干式又可分为半枯式、全枯式、枯梢式。其中枯梢式是将树梢部分树皮剥去露出木质部，形成枯梢，此方法可使幼龄树在朝夕之间变成老树。日本多用此方式培养枯干式盆景，称之为"舍利干"。

（7）劈干式

将主干从中心劈成两半或多份，每份上自带有一部分根系，分别栽植形成劈干式盆景。劈干式盆景多用于主干较粗、长且通直，不适宜弯曲造型的树桩。有时为了强化树干的古朴，也可劈去或多或少一部分主干，使木质部暴露形成枯干、枯峰形态。常用树种有银杏、梅花、榆、石榴、松、荆条等。劈干式形式新颖，同样给人一种美感享受，是处理一些不适宜造型的桩头的好方法。

（8）附石式

本形式以突出树桩为主，山石配景为辅，树根附在石头上生长，再沿石缝深入土层，或整个根部生长在石洞中，似山石上生长的老树，有"龙爪抓石"之势，古雅如画。

（9）丛林式

丛林式盆景是山野丛林的缩影，它是由多株树木组合而成的统一而富有变化的整体。

（10）象形式

以松柏类或观花类植物剪扎成龙、凤、狮、虎、象、鹰等飞禽走兽以及人物、图案，以供祝贺、喜庆、节日用。

2. 盆景美学原理——均衡与稳定

盆景艺术作品都是由一定体量的不同素材组成的景物实体，这种实体会给人以一定的体量感、重量感和质感。人们习惯上要求景物造型布局完整、和谐，在力学上要有均衡性和稳定感。

盆景创作构图除动势造景外，一般都力求均衡。均衡的景物各部分之间有一个共同的中心，称为"均衡中心"。各部分景物都受这个"均衡中心"控制。任何景物一旦脱离了这个中心，整个景物造型都会失却均衡，也就会使人产生不稳定或危机感。

均衡又分对称式均衡和不对称式均衡两种。对称式均衡构图的盆景具有明显的对称轴线，各组成部分一一对应布置于轴线两侧，具有整齐、严肃、庄重之感。如四川盆景中传统规则造型形式"对拐"和"方拐"就是采用对称式均衡构图。但对称式均衡构图也会形成一种呆板的气氛，且人工味过浓。所以，大多数情况下，盆景创作采用不对称式均衡构图，显得更为自然、生动、活泼，真正体现自然美。

3. 构成均衡与动势的方法

在均衡中求动势，在动势中求均衡，即所谓的动中有静，静中有动。这种均衡是相对的，不是绝对的，看上去显得更自然、生动、活泼，如山水盆景中的倾斜式、开合式及树桩盆景中的丛林式均属于此类。在盆景设计中要达到均衡，通常可采用以下几种方法。

（1）构成均衡的常用方法

① 用配件构成均衡，如在树木或山水盆景的另一端配置一件人物或动物配件。

② 用盆体与景物构成均衡。

③ 用树木的姿态构成均衡。

④ 综合均衡法。

（2）构成动势的常用方法

① 对称物双方体积或重量强烈对比。

② 用树姿求得动律。

③ 山、水配合，如中国画论中的"山本静，水流则动"。

④ 从山石走向、纹理求得动律。

⑤ 配以动物或人物等。

⑥ 山水与树木配合求得动势感，如"石本顽，树活则灵"。

环节二　观察盆景图片，撰写赏析文字

1. 赏析文字示范

（1）体现对称式均衡的盆景

图2-1-1盆景作品中，在造型布局上，就是利用了对称式均衡法。在长方形的紫砂盆中，将植物的主干种植在盆的正中央，主干垂直高耸，左、右分枝与中间主干距离基本相等，左、右两侧的树冠叶片形状基本相似，形成了规则、整齐、对称的形式美。

（2）体现非对称式均衡的盆景

图2-1-2盆景作品中，中心线两侧的物象左重右轻，原本不平衡，通过枝干的统一由左向右倾斜（右倾的动态线越长，盆中重心线就越往右移），以取得

图2-1-1　体现对称式均衡的盆景

图2-1-2 体现非对称式均衡的盆景

图2-1-3 景名：满堂吉利 树种：山橘

视觉平衡。另外，盆右侧的小帆船，如一杆秤之砣，"秤砣"的妙用，使得画面取得了非对称式的均衡。

2. 撰写赏析文字

赏析文字要求：

① 字数150～200字；

② 需要利用"均衡与稳定"的美学原理对图2-1-3、图2-1-4中作品进行分析。

图2-1-4 景名：荫庇苍生 树种：榕树

任务二
对比（藏露、开合、呼应）

【任务描述】

请观察盆景造型，利用盆景分类知识及对比的美学原理对其进行分析，并为每件盆景写一份赏析文字。

【任务目标】

1. 了解对比的美学原理。
2. 能够利用对比的美学原理分析盆景作品。

【任务流程】

查阅相关资料 ➡ 观察盆景图片，撰写赏析文字

环节一　查阅相关资料

1. 山水盆景各式造型的特点

（1）孤峰式

主体山石在盆中孤峰耸立，一峰独峙，峰脚可用矮小石块加以陪衬，避免单调。常用圆形盆，石峰忌置于盆正中或边缘，避免呆板和不稳重感。盆内水面或石面亦可配置亭、桥、舟、帆等配件作点缀，增加意境。

（2）偏重式

两组山石，分置水盆两端。常用长方形或椭圆形浅盆。两组山石具有高低、主次之分，一侧为主，另一侧为次，主高次低，有所偏重，富于变化。

（3）开合式

山体分大中小、远中近布置。基本上采用3组山石，在盆的前方左、右两侧各置一组，一高一低，一大一小，两组之后偏中位置再放一组，体量较前方两组更小，形成远景。常以水景取胜，清秀淡远。宜用椭圆形或长方形浅盆。

（4）散置式

由3组以上大小、高低不等的山石组成。其中一组为主体，其他各组为陪衬，主体突出。整体布局有疏有密，高低参差，前后错落，宾主分明，繁简得当。表现开阔的水域景观。常用长方

形或椭圆形浅盆。

（5）重叠式

山石布置层次较多，造成山重水复或重峦叠嶂的意境，有高有低，有疏有密，有藏有露，如斧劈石盆景多为重叠式。

（6）石林式

由多块石柱形石头组合而成，形成峰回路转，时而疏朗，时而压抑，石峰巍然高耸、嵯峨嶙峋的景观效果。

2. 盆景美学原理——对比与协调

对比与协调是盆景艺术较为常用的手法，常用的对比方法有：聚与散、高与低、大与小、重与轻、主与宾、虚与实、明与暗、疏与密、曲与直、正与斜、藏与露、巧与拙、粗与细、起与伏、动与静、刚与柔、开与合等。

对比的作用通常是突出某一景点或景观，使之更加鲜明，更加引人注目。如现代山水盆景盆钵变得很薄，从而更加突出山峰的高耸。相反，如果用一个非常厚实的盆钵，则不能突出显示山体的高耸。

盆景制作过程中对比不可过多地使用，否则主题过多，相当于没有主题，失去对比的作用。通常对比与协调联合使用效果更好，如刚柔相济、虚中有实、露中有藏、疏中有密、巧拙互用、粗细搭配等。

对比与协调当中可能还会使用到比例或者尺度的概念，如聚与散、高与低、大与小等都与比例和尺度有关。

所谓比例，指的是盆景中的景、物与盆钵、几架在体形上具有适当的比例关系。如盆景中的"缩龙成寸""小中见大"等手法就是靠比例关系来实现的。这种比例包括两个部分内容：一是景物本身各部分的比例关系；二是景物与景物之间的比例关系。再如山水、树木盆景制作中，欲突出山峰耸立的景观，但如果在点缀配置树木时所配树木过大，或者叶片过大，则会导致意念中的山变成一块石头。

盆景尺度是指构成景物的整体或局部大小与人体高矮、活动空间大小的度量关系，也就是人们习惯的某些特定标准。人们对景物所产生的"大"或"小"的感觉，就是尺度感。尺度类型不同，感觉效果也不一样。尺度常分3种类型，即自然尺度、夸张尺度和亲切尺度。盆景作品的不同规格体现出不同的尺度效果：大型、巨型盆景采用的是夸张尺度，具有雄伟、壮观的气势；中小型盆景采用的是自然尺度，具有自然、舒适的风格；微型盆景则采用的是亲切尺度，具有亲切、趣味之感。

3. 对比当中的藏露、开合与呼应

（1）藏与露

藏与露在艺术作品中既对立又统一，若运用得宜，可取得美妙的艺术效果。中国造园艺术理论中，就有"犹抱琵琶半遮面"之说，即景要藏，若太过直白，一览无余，则显得肤浅。

（2）开与合

一件好的山水盆景，盆面中的山石有节奏地打开，有韵律地合拢，形成一个变化优美的格局。历史上许多画家、书法家从舞剑中受到启发，使线的开合、起伏挥洒自如，从而极大地提高了作品的格调。

（3）呼与应

盆景画面上所呈现物象之间的内在联系，即呼与应的关系。在盆景创作中，物象要有美感，妙在天趣。而盆景作品中的情趣，往往是由呼应产生的。呼与应在作品中表现为物象间的一种交流与照应。只呼不应，则给人一种失落感，而且缺乏生气。

环节二　观察盆景图片，撰写赏析文字

1. 赏析文字示范

（1）体现藏与露的盆景

图2-2-1盆景作品中，对于主峰景观的营造，运用了形式美法则中的藏与露。主峰壁立千仞，犹如一条垂直线拔地而起，显得太过暴露，令人没有想象空间。于是在主峰右侧后方高3/5处种植一株横向树木，树冠呈云朵状，曲线与主峰直线形成对比，部分树冠"飘"在主峰前后，主峰1/5处右侧后方也布置一组小植物，其云片曲线打破了主峰右侧直线，主峰部分线条被藏了起来。此外，左侧配峰直线的一部分也被左侧的一组树木遮蔽，且打破了直线的呆板。作品中植物的藏与露、虚与实较好地烘托了主题，且使作品纵深感得到加强。

图2-2-1　体现藏与露的盆景

（2）体现开与合的盆景

图2-2-2盆景作品中，合理运用了开与合这一形式美元素，使得作品从正前方看去为开阔的江面，江水向纵深流去，两岸青山相对出，水岸江滩，弯曲迂回，自然流畅。正前方远处一组远山，封闭了正视江面的纵深缺口，使江水往右侧流去。作品前开后合，使江面具有了从宽到窄的节奏变化，也使得作品有了强烈的纵深层次感。

图2-2-2　体现开与合的盆景

（3）体现呼与应的盆景

图2-2-3盆景作品中，骑牛的牧童在牛背上昂首仰望，凝视着树上的垂丝。景物与人物顿时有了内在的联系，有了呼应，诗情画意自然而生。作品体现的景致虽小，但有很强的画面感：牛徐徐向前走去，而牧童在牛背上回望着树木，感谢这棵大树带给自己一丝清凉。树桩与骑牛牧童的互动也使作品增加了趣味性，使作品有了生活的气息。

2. 撰写赏析文字

赏析文字要求：

① 字数150～200字；

② 需要利用"对比"的美学原理对图2-2-4至图2-2-6中作品进行分析。

图2-2-3　体现呼应的盆景

图2-2-4　景名：刚柔相济　材料：马尾松，石笋

图2-2-5　景名：奇峰叠翠　石种：渔网石

图2-2-6　景名：古树云天　材料：福建茶，龟纹石

任务三
变化与统一

【任务描述】

请观察盆景造型，利用盆景分类知识及变化与统一的美学原理对其进行分析，为每件盆景写一份赏析文字。

【任务目标】

1. 了解变化与统一的美学原理。
2. 能够利用变化与统一的美学原理分析盆景作品。

【任务流程】

查阅相关资料 ➡ 观察盆景图片，撰写赏析文字

环节一　查阅相关资料

1. 水旱类盆景各式特点

溪涧式：表现小溪山林景观。

江湖式：表现江或狭湖景观。

水畔式：表现驳岸景观。

岛屿式：表现海岛景观。

2. 全旱类盆景各式特点

沙漠式：表现大漠景观。

景观式：表现山野或庭园无水景观。

石供式：以赏石为主的形式。

附石式：以植物附于石上生长为主景的形式。

3. 盆景美学原理——变化与统一

任何一件盆景艺术作品，都具有若干个不同的组成部分，且各个组成部分之间既有区别，又有内在联系，它们通过一定的规律组合成一个有机整体。也就是说，盆景艺术创作遵循统一与变化的原理（或称多样统一原理）。"统一"就是各个组成部分之间内在联系的艺术表现，"变化"则是各个组成部分之间的区别和多样性的艺术表现。

在盆景创作中，应用统一与变化的原则是：统一中求变化，变化中求统一。其中，统一指的是盆景中组成部分是统一的，即在盆景的形状、姿态、体量、色彩、线条、皴纹、形式、风格等要求有一定的同一性、相似性或一致性，给人以统一的感觉。一件盆景艺术作品的成功与否取决于盆景艺术家能否将许多构成部分取得统一。也就是说，一件成功的盆景艺术，首先是能将最繁杂的变化转成高度的统一，也只有这样，才能形成一个和谐的艺术整体。相反，如果没有统一性原则，而是把各种园林树木或者石头摆在一个盆里，杂乱无章、支离破碎甚至互相矛盾、冲突，就不能够称得上是一件艺术品。

如作品《八骏图》（图2-3-1），树种选择六月雪，石头选择龟纹石、八匹马，采用广东石湾产的陶瓷盆。在造型、立意、技法、风格上取得了高度统一，但在树体大小、高低、直斜、粗细、疏密上进行适当的变化，以克服盆景艺术的单调感，丰富盆景的内涵。马是统一的，但在其姿态上不同，有站、行、仰头、卧等，从而使整个画面显得生机盎然、生动活泼，完全克服了因为用料统一而造成的单调、呆板、无味的感觉。

图2-3-1　八骏图

4. 影响变化与统一的因素

（1）视觉

盆景艺术也是一种视觉艺术。视觉规律对盆景创作十分重要。构图时常用的有视觉诱导、视觉平衡和视觉焦点。

视觉诱导，就是通过构图设计来调动观者的注意力，也就是吸引视线，把观者的视线引来有秩序地观察作品中所表现的一切，并能正确地理解其主题思想。在盆景中有主、宾和衬景之分，再加上景域内设置的景点，这些景物的合理组合实际上就是视觉诱导的顺序，构成符合自然情理的视觉路线。只有合理、精彩的视觉构图和娴熟的技艺，才能使作品达到令人

"神游"的意境。

在盆景构图中，凡是采用3个以上物体或者存在着部分之间的关系时，都有着视觉平衡的问题。视觉的平衡实际上也就是均衡与稳定。

视觉焦点是人的视觉所集中的地方。它可能是点，也可能是线或其他形状的景物。明暗、色调的对比是表现视觉焦点常用的一种方法。在盆景中，视觉焦点一般为不定型的山石或盆景中的配件等。视觉焦点常常就是构图中心，作品的其他部分都会从属于这个焦点和中心。视觉焦点可以是一个，也可以是几个，两个以上称为多焦点，但多焦点也要有主次之分。山水盆景中的散置式布局就是多焦点。

（2）透视

物体给人的感觉总是：近大远小，近高远低，近宽远窄，近清远迷。因此，在国画理论中有"远人无目、远树无枝、远山无石"之手法。盆景艺术中在盆景的造型、布局等方面也应该讲究透视理论，但是由于盆景的容积比较小，因此需运用夸张的手法，把远景做得更小、更模糊、更低，以增加层次和景深效果。

透视一般可以分为两种：焦点透视（静透视）和散点透视（动透视）。焦点透视指的是从一个固定不变的角度看物体。焦点透视依其焦点的不同又可以分为俯透视（鸟瞰）、仰透视和平透视3种。散点透视指的是视点和视线经常移动，因此有步移景异、视域广的特点，如"万里长江图"就是散点透视。

（3）色彩

色彩是人们视觉比较敏感的部分，也是影响盆景观赏效果的重要因素。色彩通常可以包括以下几个部分。

色相：颜色的相貌及名称，指7种基本颜色。

色度：指的是颜色的深浅、明暗程度，也称明度。

色性：颜色给人以冷暖的感觉。

同类色（调和色）：色相和色性接近的一组颜色。

对比色：色相和色性完全不同的两种颜色。

固有色：植物本身固有的颜色。

光源色：日光、月光、灯光、火光的色彩倾向。

环境色：物体与所处的环境彼此色彩相互影响与反射。

盆景制作中，在色彩的应用上同中国画具有同样的道理，即基调宜淡不宜浓，宜素不宜艳（观花盆景例外）；盆、几架的色度宜略低，以求稳定感，颜色不能跳脱；配件的颜色也不能过于突出。盆器大红、大绿不调和，宜选择本色陶质。

在色彩的应用上，应充分利用艺术对比巧妙安排山、石、花、草的色彩，以产生更大的感染力。如大片冷色山石上种植几棵暖色的花草，在一片翠绿青苔上嵌入几点鹅黄色的青苔，在一片繁花似锦的小菊下铺一层绿色青苔等，可以产生更好的艺术效果。

图2-3-2 体现变化与统一的盆景之一

（4）空间

造型艺术是一种视觉艺术和空间艺术，必须以可视的形象来反映生活。画面结构的变化取决于空间的位置和面积，即取决于空间的分割。盆景艺术和中国绘画都重气韵、重意境，要求"虚实相生，无画处皆成妙境"，因此，就构图的形式而言，空间分割显得十分重要。空间分割在构图上很少分割成完全相等的部分，否则势必显得单调、呆滞。

盆景中有高远、平远、深远的构图方法。当视线升高时，深度就增加；当主体部分掩盖另一部分时，也会加强深度感。总之，物体的大小、位置和色质等皆可体现空间深度感。

环节二 观察盆景图片，撰写赏析文字

1. 赏析文字示范

（1）体现变化与统一的盆景之一

图2-3-2作品取材新颖，构思独特。巧妙地将黑、白、灰分明的墨玉条纹石化作绘画中的黑、白、灰色变化，生动形象。整体看来立意深远，构思大胆，布局上主次分明，一组近大远小的舟帆将作品纵深推得很远，山形、纹理、向势统一和谐。如同白纸般的大理石盘配以黑、白、灰三色的主体山峰，就像张大千笔下的黑白灰泼墨山水画。

图2-3-3 体现变化与统一的盆景之二

（2）体现变化与统一的盆景之二

图2-3-3作品以一块有山水纹理的圆形大理石板作为背景，然后结合石板中的云水飘动，用灰色英德石制作近景，形成层层沟壑与峭壁，色泽协调统一。远景利用天然大理石花纹，体现远山若隐若现，虚无缥缈，与前景的实景有着景致的变化，并且石盘中似云的线条使得整个作品动感十足，画面优美。

2. 撰写赏析文字

赏析文字要求：

① 字数150~200字；

② 需要利用"均衡与稳定"的美学原理对图2-3-4、图2-3-5中作品进行分析。

图2-3-4　景名：人间仙境　材料：英德石

图2-3-5　景名：新富春山居图　材料：斧劈石

任务四
布势与韵律

【任务描述】

请观察盆景造型，利用盆景分类知识及布势与韵律的美学原理对其进行分析，为每件盆景写一份赏析文字。

【任务目标】

1. 了解布势与韵律的美学原理。
2. 能够利用布势与韵律的美学原理分析盆景作品。

【任务流程】

```
查阅相关资料  ➡️  观察盆景图片，撰写赏析文字
```

环节一　查阅相关资料

1. 盆景美学原理——布势

此处布势与中国画论中的谋篇布局、布势的说法不同，但都是指构图。画论中的构图原则也运用在盆景创作中，盆景作品的主体，即主山客山、主干副干的形态结构所表现出来的总体趋向，就称为"势"。

"势"是统领大局的纲。古人云："远望观其势，近看取其质。"就是指人们在观察事物时，要从整体全局上把握其大势，观察盆景就是如此。观其"大势趋向"，或向左、向右，或倾斜向上，造型之中，一定要顺其势。因势利导，因形取势，先把握大势，在此基础上"近取其质"，即局部深入刻画，精益求精。

2. 盆景美学原理——韵律与交错

韵律是观赏艺术中被观赏对象构成的有一定规律的重复的属性。如一片片叶子、一朵朵花、一层层山峰等所构成的重复就是韵律，还有开合的重复、虚实的重复、明暗的重复等，也均表现出一定的韵律。一件盆景作品其主要的艺术效果是靠协调、简洁以及韵律的作用而获得的，而且盆景中表现的韵律，使人在不知不觉中体会，受到艺术感染。

例如，山水盆景中，透、漏、瘦、皱的山石的重复，曲线运动的重复，都给人一种含蓄、强烈的韵律感；植物盆景中的"寸枝三弯"，枝条形的重复曲线运动也给盆景增加了强

烈的韵律感。

在盆景中，通常韵律有以下表现形式：交替韵律、形状韵律、色彩季相韵律、植物本身器官重复出现的协调韵律。如叶片、枝条、花朵等重复出现的协调韵律。

环节二　观察盆景图片，撰写赏析文字

1. 赏析文字示范

（1）体现布势的盆景

图2-4-1盆景作品中，树桩主干、附干的虬曲方向决定了作品向势。树桩主干立于右侧，主干向左虬曲，附干亦是向左出枝结顶，于是整体树型由右向左取势，主干取势形成之后，所有配干都与主干出枝方向、角度、态势统一协调，并在协调的过程中有少许配干出枝或俯或仰稍有变化，显得不千篇一律、不呆板，充分体现了运动的倾向性。

图2-4-1　体现布势的盆景

（2）体现韵律的盆景

图2-4-2盆景作品中，作为盆景主体的主树树枝的形状、弧度、间隔走向，这一相同的形式要素在树干各托位上反复出现，虽有高低、长短、疏密的变化，但托位上众多的小枝弧度相似，枝条统一下垂，在有序变化的多次反复中，树枝的形态、疏密、高低、留下的空白反复形成节奏，有较强的韵律感，使该作品十分柔美自然。

图2-4-2　体现韵律的盆景

2.撰写赏析文字

赏析文字要求：

① 字数150～200字；

② 需要利用"布势与韵律"的美学原理对图2-4-3、图2-4-4中作品进行分析。

图2-4-3　景名：清韵图　材料：雀梅、榆树，龟纹石

图2-4-4　景名：绿色长城　树种：对节白蜡

单元小结

本单元主要内容有中国传统诗画理论、美学原理、盆景常用分类及常见盆景造型样式。了解中国传统诗画理论，与盆景的艺术美相联系，可为创作优美而富有内涵的盆景做准备。了解美学原理，并能利用美学原理对盆景作品进行客观的分析与评价，可提高对盆景的鉴赏能力。了解盆景分类系统，便于更加系统和全面掌握盆景相关知识。掌握常见盆景造型样式特点，对不同类型的盆景造型更加熟悉，学会欣赏盆景的美，才有可能在日后的创作中做出令人满意的盆景作品。

单元练习与考核

【单元练习】

一、名词解释

1.水旱型　2.壁挂式　3.开合式　4.布势　5.韵律

二、填表

序号	盆景照片	造型形式	美学原理
1			
2			
3			
4			

（续）

序号	盆景照片	造型形式	美学原理
5			

三、简答

1. 简述美学原理中的"变化与统一""对称与均衡"。

2. 山水盆景造型形式有哪些（列举8种）？

3. 树桩盆景造型形式有哪些？

四、思考与讨论

请利用掌握的知识分析盆景中的美学与诗画中的美学有何联系。

【考核标准】

一、考核评分表

任　务	任务一	任务二	任务三	任务四
内　容	均衡	对比	变化与统一	布势与韵律
分　值（分）	25	25	25	25
实际得分				

二、考核内容及评分标准

① 对任务当中要求赏析的盆景类型判断正确，应用的美学原理判断正确，赏析的文字字数达到标准，且优美生动，按时完成。（21~25分）

② 对任务当中要求赏析的盆景类型判断正确，应用的美学原理判断正确，赏析的文字字数达到标准，按时完成。（15~20分）

③ 对任务当中要求赏析的盆景类型判断不正确，应用的美学原理判断不正确，赏析的文字字数达未到标准，未按时完成。（15分以下）

单元三
树木盆景制作

单元介绍

　　树木盆景俗称桩景，历史悠久，是多种盆景类型中的重要一种，市场上较为常见。其造型复杂多变，样式多种多样，有直干式、斜干式、曲干式、悬崖式、文人树式、丛林式等。

　　本单元任务选取斜干式、悬崖式、公孙式3种常见样式，通过实操了解材料、工具、造型、养护等树木盆景的基础知识，掌握3种树桩盆景的制作过程及要点。

单元目标

1　了解并掌握植物材料的种类、来源以及选用标准。

2　掌握3种树木盆景的造型特点和艺术效果。

3　掌握任务中3种树木盆景的制作过程及要点，初步具备制作和养护树木盆景的能力。

4　能够识别和正确使用植材和工具。

5　掌握并运用树桩整形加工技法对树坯进行加工造型。

6　培养树木盆景"三分做、七分养"的意识。

7　培养踏实、认真、严谨、吃苦耐劳的工作作风。

8　培养团队协作的意识和能力。

单元知识学习

一、树木盆景概述

　　树木盆景即以树木为主要材料，通过蟠扎、修剪、雕刻、提根等园艺整形技术方法和栽培管理，将自然中造型优美的巨树、古木、树林或森林等景观浓缩于盆盎之中集中表现的一类盆景，植物材料多以老树桩为主，故又称为树桩盆景。树木盆景是多种盆景类型中的重要一种，市场上较为常见。

二、树木盆景植物材料

1. 植物材料的种类

（1）古代树木盆景树种

　　随着盆景的不断发展与普及，用于制作树木盆景的植物种类也越来越丰富。清代嘉庆年间五溪苏灵著有《盆景偶录》两卷，将盆景植物分为"四大家""十八学士""七贤""花草四雅"，它们包含的植物种类分别如下。

　　①"四大家"：金雀（图3-0-1）、黄杨、迎春、绒针柏，这4种植物形美叶小，适宜造型，易于养护，在当时4种植物制作的盆景深得大众喜爱，故得"四大家"美誉。

　　②"十八学士"：梅（图3-0-2）、桃、虎刺、冬珊瑚、枸杞、杜鹃花、翠柏、木瓜、蜡梅、南天竹、山茶、罗汉松、西府海棠、凤尾竹、紫薇、石榴、六月雪、栀子。

　　③"七贤"：黄山松、璎珞柏、榆、枫、冬青、银杏、雀梅（图3-0-3）。

　　④"花草四雅"：兰、菊、水仙、石菖蒲（图3-0-4）。

图3-0-1　金雀盆景

图3-0-2　梅花盆景

（2）现代树木盆景树种

① 松柏类：五针松（图3-0-5）、罗汉松（图3-0-6）、黑松（图3-0-7）、锦松、白皮松、马尾松、华山松、金钱松、油松、璎珞柏、圆柏、真柏（图3-0-8）、翠柏、铺地柏、水杉、红豆杉等。

图3-0-3 雀梅盆景

图3-0-4 石菖蒲盆景

图3-0-5 五针松盆景

图3-0-6 罗汉松盆景

图3-0-7　黑松盆景

图3-0-8　真柏盆景

② 杂木类：红枫（图3-0-9）、雀梅、朴树、元宝枫、三角枫、黄栌、银杏、檵木、鹅耳枥、柽柳（图3-0-10）、黄荆、榉树、紫荆、黄杨、六月雪、小叶榕、福建茶、苏铁、棕榈、棕竹、凤尾竹、罗汉竹、榆树等。

图3-0-9　红枫盆景

图3-0-10　柽柳盆景

③ 观花类：贴梗海棠、海棠、碧桃、迎春、杜鹃花（图3-0-11）、梅花、蜡梅、紫薇、三角梅（图3-0-12）、栀子、南天竹、虎刺等。

图3-0-11　杜鹃花盆景

图3-0-12　三角梅盆景

④ 观果类：石榴、金橘、胡颓子、枸杞、火棘、枸骨、枸子木、花椒等。

现代树木盆景所用植物材料除了上面4类外，有时也会用到紫藤、葡萄、凌霄、络石、忍冬、常春藤等藤本植物，以及灵芝菌、文竹、兰草、石菖蒲等草本植物，还有葫芦藓、囊绒苔、地钱等苔藓植物。

2. 植物材料来源

树木盆景植物材料的获取主要有自然采集、园艺繁殖、市场购买3种方式。

（1）自然采集

深山野林有很多根干奇特的桩材，上山采桩是获取优秀桩材、缩短制作周期的重要途径。

（2）园艺繁殖

园艺繁殖盆景材料的方式有两种：有性繁殖和无性繁殖。有性繁殖的方式主要是通过播种获得实生苗，无性繁殖有分株、压条、嫁接、扦插等繁育方式。盆景育苗多用无性繁殖获取材料，比有性繁殖更为快速、便捷。

（3）市场购买

如果个人没有繁育场地等条件，在经济允许的情况下，可直接在市场购买树苗、半成品桩头来制作盆景。近些年随着花卉市场盆景销售日益增多，消费者对盆景的艺术价值要求越来越高，一些制作者从国外购买成品，然后改制成中式盆景用以欣赏或销售，这也是获取材料、制作盆景的一种方式。

3. 植物材料选用标准

集自然美与艺术美于一身的盆景，在制作过程中，为了达到特定的审美要求，多会通过蟠扎、修剪、雕刻等人工技术手段对其造型，使植物材料大多在人为制造的逆境中生长，所以相比于普通盆栽，盆景在植物形态、造型、养护管理等多个方面对植物材料的要求更高。一般来说，树木盆景要求植物材料具备以下特点：上盆易活，萌发力强，耐剪耐扎，寿命较长，根干奇特，花果艳丽，枝叶细小。

三、树木盆景造型样式

树木盆景造型复杂多变，在观形上的有文人木式（图3-0-13）、丛林式等，在桩材主干数量上有单干式、双干式、多干式之分，在造型上有直干式、斜干式、曲干式（图3-0-14）、卧干式等之分，枝托造型有飘枝式、跌枝式、俯枝式、垂枝式、风动式（图3-0-15）等，根系造型有提根（图3-0-16）、连根（图3-0-17）等。

四、树木盆景造型技法

盆景中植物材料的造型处理技法多有"一剪二扎三雕四提"的提法，其中，"剪"为修剪，包含摘心、摘芽、摘叶、修枝、修根等内容，"扎"即为蟠扎，"雕"为雕刻，"提"为提根。除此之外，植物材料的造型技法还有嫁接等园艺技法。这些技法中以修剪、蟠扎的使用较为普遍，此处重点介绍。

图3-0-13　文人木式　　　　　图3-0-14　曲干式

图3-0-15　风动式

图3-0-16　根系造型——提根

图3-0-17　根系造型——连根

1. 修剪

盆景树木在不断生长，如果任其自然生长，不加抑制，势必会影响树姿造型而失去它的艺术价值。因此，必须进行及时修剪，长枝短剪，密枝疏剪，松类树种在芽刚萌发时摘心、摘芽，控制新枝生长，以保持优美的树姿和适当的比例。修剪包括以下几个方面：

（1）摘心

为了抑制盆景树木长高，促使侧枝发育平展，可摘去树木的枝梢嫩头。

（2）摘芽

盆景树木的干基或干上生长出不定芽时，应随时把它们摘去，以免芽长成杈枝，影响树形美观。特别是榔榆、榆树、雀梅、迎春、六月雪等树种，容易产生不定芽，更要注意摘芽。

（3）摘叶

对于观叶树木盆景，它的观赏期往往是新叶萌发期，如槭树、石榴等新叶为红色，通过摘叶处理，可以使树木一年几次发生新叶，从而延长观赏时间和效果。榔榆、银杏等树木盆景，也可以采用摘叶法，欣赏它们的鲜嫩新叶。

（4）修枝

树木盆景常常长出许多新枝条，为了保持树木的造型美观，必须经常进行修枝。修枝方式应当根据树形来决定，如果是云片状造型，就把枝条修剪成平整状。一般有碍美观的枯枝、平行枝、交叉枝等，都应该及时剪去。

（5）修根

结合翻盆进行修根。首先修掉烂根、枯根以及修平伤口根，根系太密、太长的应予修剪。可根据以下情况来考虑：树木新根发育不良，根系未密布土块底面，则翻盆可仍用原盆，不需修剪根系；根系发达的树种，须根密布土块底面，则应换稍大的盆，疏剪密集的根系，去掉部分老根，保留新根进行翻盆。一些老桩盆景，在翻盆时，可适当提根以增加其观赏价值，并修剪部分老根和根端部分，培以疏松肥土，以促发新根。

2. 蟠扎

蟠扎或称盘扎、攀扎，即用金属丝、绳线等缠绕绑扎在枝干上，借以外力改变枝干生长方向，从而达到造型的目的。过去树木蟠扎使用棕丝搓成的棕绳，现在多改用金属丝蟠扎。金属丝有铁丝、铝丝、铜丝等，其中以铝丝使用居多，以下为铝丝蟠扎技术要点。

（1）铝丝选取标准

① 粗细：选择铝丝粗度应与所蟠扎的枝、干基部粗度比例相适应。

② 长度：铝丝长度=固定端铝丝长度+枝条上铝丝缠绕长度+余量。实际操作时，可拿铝丝靠近需要缠绕的枝干比画一下，粗略估计需要的长度。

（2）铝丝常用固定方法

① 入土法（图3-0-18）：适用于主干蟠扎或靠近土面侧枝的蟠扎，铝丝一端插入土中，另一端缠绕枝干。插入土中的铝丝要长一些。

② 压扣法（图3-0-19）：适用于中上部侧枝的蟠扎。压扣位置为上一级枝干上。

③ 一丝双枝法（图3-0-20）：使用一根铝丝缠绕蟠扎两根距离及粗细相近的枝条。

④ 双丝法：a. 若现有铝丝达不到强度要求，可将两根铝丝并列在一起，同时蟠扎同一根主干或枝条。b. 采用相同固定方法蟠扎、铝丝缠绕路径有重叠的两根枝条，可以选取粗细适宜的两根铝丝并列在一起，同时缠绕前进，待到需要蟠扎的枝条时再分开缠绕，既省时、省力，又美观。也可以按部就班地每次使用一根铝丝，分两次完成蟠扎，但是第二次蟠扎时铝丝缠绕方向要与第一次一致，并平行紧贴第一次缠绕的铝丝。

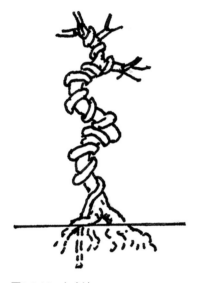

图3-0-18 入土法

图3-0-19 压扣法

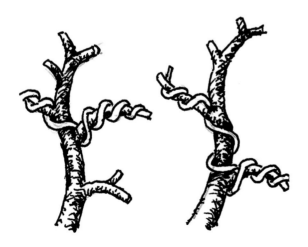

图3-0-20 一丝双枝法

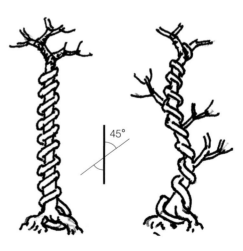

图3-0-21 缠绕角度与密度

（3）铝丝蟠扎方向、角度和密度

① 角度与密度：铝丝与枝条夹角为45°左右（图3-0-21），角度越大，铝丝缠得越密集；反之，角度越小，铝丝缠得越稀。

② 方向：顺时针或逆时针缠绕，尽量保持方向一致，避免铝丝交叉，也便于后期拆除。

（4）铝丝蟠扎顺序

先主干，再侧枝；先下部，再上部；由基部到末梢。

小贴士

蟠扎后枝条拿弯时用力方式主要有两种（图3-0-22）：

1. 垂直用力：双手握住枝干弯曲部位的两边，并朝向自己的方向（与枝干突起的方向相反）用力，迫使枝干弯曲。枝干较粗时，用双手拇指顶住枝条后加力。

2. 旋转用力：双手握住枝干后，分别朝向内外相反的方向用力，使枝干扭转。此法可用于调整枝条上侧枝或侧芽的生长方向。

垂直用力　　　　　　　　　旋转用力

图3-0-22　拿弯时的用力方式

五、树木盆景制作工具

盆景材料的丰富多样、盆景造型的复杂多变、盆景制作技艺的繁复精湛等，决定了盆景制作中不同制作材料、不同造型部位、不同造型技法、不同养护阶段都会涉及多种不同的工具，每种工具依据实际需要又分出大小不同的型号。"工欲善其事，必先利其器"，合适的制作工具是盆景制作事半功倍的重要条件。图3-0-23、图3-0-24中所示为树木盆景制作中部分常见的制作工具。

1. 工具箱

可存放多种制作工具（图3-0-23A）。

2. 拉丝刀

用于枝干纹路的雕刻（图3-0-23B～E）。

3. 镊子

用于摘叶、摘芽、铺填苔藓等精细化操作（图3-0-23F）。

4. 翻盆勾

多在盆景翻盆除去根坨旧土时使用，可减少对根系的伤害（图3-0-23G）。

5. 锤子

多配合凿子使用，也常用于软山石的雕凿（图3-0-23H）。

6. 凿子

修整枝干、根系的断口，或者用于拿弯、雕刻等其他对枝干进行的整形操作（图3-0-23I、J）。

7. 尖嘴钳

多在金属丝蟠扎或拆除时使用，也可在撕树皮时使用（图3-0-23K）。

8. 电工钳

具有尖嘴钳和断丝剪的功能，多用于剪断金属丝（图3-0-23L）。

9. 加土筒

用于植物上盆或翻盆时添加植料（图3-0-24A）。

10. 拉杆器

主要用于枝干的拿弯操作，既能使受力的两条枝干彼此靠近或彼此远离，也可使受力枝条产生弯曲（图3-0-24B）。

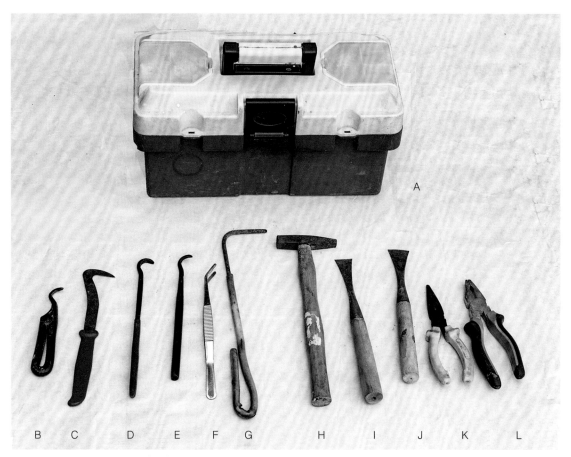

图3-0-23　树木盆景造型工具（一）

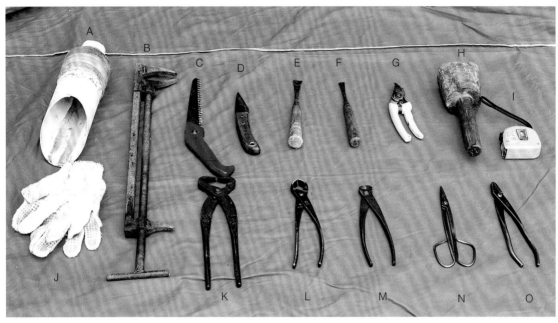

图3-0-24　树木盆景造型工具（二）

11. 手锯

用于锯除较粗的枝干或根（图3-0-24C）。

12. 嫁接刀

嫁接时用于劈砧木或削接穗，也可用于环剥等操作（图3-0-24D）。

13. 半月铲

作用与凿子相似，多用于枝干的雕凿（图3-0-24E、F）。

14. 枝剪

多用于木本枝条的修剪（图3-0-24G）。

15. 木槌

多配合凿子、半月铲使用（图3-0-24H）。

16. 卷尺

测量工具（图3-0-24I）。

17. 手套

防护用具，操作时戴上手套，注意安全（图3-0-24J）。

18. 破杆钳

松、柏等较粗枝干拿弯前，用破杆钳在拿弯处沿枝条长轴钳破枝干，便于拿弯处理（图3-0-24K）。

19. 球形剪

用于枝干、根系的修剪，剪口内凹（图3-0-24L）。

20. **断丝剪**

剪断金属丝（图3-0-24M）。

21. **叶芽剪**

剪除叶片、芽或嫩枝，便于在枝干中狭小的空间内进行修剪（图3-0-24N）。

22. **铝丝钳**

多在金属丝蟠扎或拆除时使用（图3-0-24O）。

六、盆景摆件

盆景摆件又称为配件，是配置于盆景中表现亭、塔、舟、人、动物等真实物体缩影的小物件。

1. 材质与种类

盆景摆件材质多种多样，有陶塑、泥塑、石刻、砖雕、木刻，或者金属铸造，可以直接从市场购买，有条件的也可以自己动手制作。摆件依据表现的事物，常见的有以下几种。

（1）人物

智叟、渔翁、高士、牧童、村妇、樵夫、农夫等（图3-0-25、图3-0-26）。

（2）建筑

亭、塔、屋宇、桥梁等（图3-0-27）。

（3）鸟兽

常见的有鹤、鸳鸯、小鸟、马、牛、羊、骆驼、大象等（图3-0-28、图3-0-29）。

（4）车船

帆船、乌篷船、竹筏、马车等（图3-0-30）。

2. 作用

盆景摆件是微缩的点缀品，形象生动、小巧精致。根据盆景画面和景观内容的需要，将适宜的摆件置于盆景中，既丰富了画面，又起到了画龙点睛、烘托主题的作用，使作品形成诗情画意的意境。另外，摆件还具有比例尺的重要作用，观赏者可以从摆件的大小感知到盆

图3-0-25 老者（农夫、渔夫、醉翁）

图3-0-26 牧童

图3-0-27 建筑（亭、塔、房屋）

图3-0-28 动物（大象、骆驼）

图3-0-29 水禽（鸳鸯、鸭）

图3-0-30 船

景所表现的树木的高矮、山石的体量以及整个景观的大小。

3. 选用原则

选择摆件时，应根据构图及主题内容需要，选择色彩、质感与作品整体相统一的配件，而且造型要生动，制作要精细，比例要适宜。摆件数量宜少不宜多，点到为止。

七、盆景几架

几架俗称底座，是盆景构成的三大要素（盆、景、几架）之一，主要起到放置承重、装饰盆景、调节最佳观赏高度的作用。从汉代墓室壁画中可知，汉代已经形成了盆、植物、几架三位一体的欣赏模式；第六届中国盆景展要求参展展品必须体现景、盆、架三位一体的盆景形象，配置几架，如果不配置几架，只展不评。由此可见，从古到今，几架在盆景构成中都占有重要的地位。

1. 材质与种类

盆景几架的材质有竹质、木质、石质、陶瓷、金属、有机玻璃、水泥等，依据形状可将几架分为规则型和自然型两大类。规则型几架（图3-0-31至图3-0-33）较为常见的为圆形、四方形、六边形等，既可以是落地的博古架、圆桌几、方高几等，也可以是放置案头的小型几座。自然型几架（图3-0-34、图3-0-35）形状不规则，外观拙朴自然，既可以是复杂一些

图3-0-31　方几

图3-0-32　鼓凳

图3-0-33　圆虎凳

图3-0-34　根艺高几

的树根雕几架，也可以是简约质朴的木片或石片。

2. 选用原则

几架的形状、大小、高矮、轻重、色彩等方面应与景、盆相协调，烘托景、盆而不喧宾夺主。一般来说，浅盆配矮几，深盆配高架，方盆配方几，圆盆配圆几，色彩以棕色、紫色、黑色、栗色等静雅朴实的深色为宜。

八、树木盆景养护管理技术

树木盆景造型完毕，后期的养护管理至关重要，既要通过各种管理措施来满足盆景正常生长所需要的环境条件，还要通过不断的修剪、蟠扎等技术措施来维护盆景的完美造型。

1. 浇水

树木盆景的浇水是养护管理的一项重要工作。生长在盆钵之中的树木，盆土有限，很易干燥，如不及时补充水分，风吹日晒，就会因缺水而萎蔫死亡。但浇水不当，水分过多，盆土太湿，根部呼

图3-0-35　仿根艺陶几

吸不良，也易导致烂根死亡。因此，盆景浇水一定要适量，根据季节、气候、树种、盆体大小、深浅、质地等因素来确定浇水的多少、次数和时间。掌握"不干不浇，浇则浇透"的原则。

（1）盆土干湿的判断方法

① 观察盆土颜色：浅盆如发现盆土干白，就表示水分不足。如是深盆，表土颜色干白，中间、底层的盆土可能还是湿润的。

② 观察树木叶片色泽变化：当出现叶色变浅、叶面有干纹或叶片下垂等现象时，表明盆土已过分干燥，出现了脱水现象。也可以用土壤湿度测定计来测定，但更多是靠坚持观察和经验积累来完成。

（2）浇水方法

① 盆面浇水：使用金属喷水壶，摘掉莲蓬头或塑料管，将水直接浇到盆土四周，浇满后让水渐渐下渗。如认为浇水不足，可以再浇一次。

② 叶面喷水：日常养护管理中，除了向盆面浇水，也可以向叶面喷水，因为树木除能以根部吸收水分外，其叶、茎等都具有吸水功能。当新上盆树木的根部尚未能恢复吸水能力时，应多喷叶面水予以水分补给。夏、秋季气温高时，上午浇盆面水，傍晚时喷叶面水。此

图3-0-36 喷水

图3-0-37 浸盆

举除补给水分不足外，还有冲洗叶面灰尘污垢、清洁树体增强光合作用、提高小环境湿度、降低气温的作用（图3-0-36）。

③ 浸泡法：用大容量的盛水器盛满清水，然后将树木盆景放置在水中浸泡，至3~5min后盆面不冒气泡为止。新上盆的盆景，若用土太干燥或盆土太满不易浇水，可采取此法。针对小微型盆景，在炎热天气不宜直接浇水，也可用此法（图3-0-37）。

2. 施肥

树木盆景在不断生长过程中，要从盆土中吸取养分，而盆土的养分有限，不能维持所需营养，因此，应注意补充适当的肥料。

肥料分有机肥和无机肥等。有机肥主要指农家肥和自制的腐熟天然肥料，养分含量较全，但养分释放慢，故常作基肥。有机肥还能使土壤的团粒结构等理化性状得到改善，增强土壤的吸水、保肥能力，促进土壤中微生物和蚯蚓等小生命的活动。无机肥料又称为化学肥料，是通过化学方法生产出来的以无机态形式存在的含氮（N）、磷（P）、钾（K）等元素的肥料。化学肥料养分含量高、成分单一、肥效快，多作为追肥使用。无机肥料可按说明书使用，但长期使用无机肥料易使土壤板结，使土壤的理化性状恶化，有的甚至形成单盐毒害。

树木生长需要氮、磷、钾三要素。氮肥促进枝叶生长；磷肥促进花芽形成，使花繁色艳、果实早熟；钾肥促进茎干和根部生长，增强抗性。施肥要根据树种而有所不同。松、柏盆景不宜多施肥，肥多会使针叶变长，导致造型变样，影响观赏价值。每年冬季施一次基肥，生长期追施一次薄肥即可。花果类盆景在开花结果前后应适当施肥，除氮肥外，还要施一些磷肥，如骨粉、米泔水、鱼腥水，使花艳果大，观赏效果更加突出。

小贴士　盆景施肥要注意以下事项：①有机肥或饼肥，不腐熟不施；②农肥一定要稀释后才能使用；③刚上盆的树木不宜施肥；④雨季、伏天、盆土过湿时不宜施肥。掌握施肥要领，才不致产生肥害。

3. 病虫害防治

树木盆景特别是桩景易遭病虫危害，轻则影响生长，重则导致死亡。多年培养的盆景，一旦毁于病虫，甚为可惜。因此，对病虫的防治是养护管理不可忽视的任务。树木盆景常见的病害有以下几种：

（1）根部病害

老桩盆景根部老化，易引起各种细菌寄生，使根部腐烂或产生根瘤病，其中花果桩景根部病害发生最多。应注意盆土消毒和控制浇水量。

（2）枝干病害

常见有茎腐病和溃疡病，表现为在枝干的表面出现腐烂、干心腐朽、树脂流溢、表皮裂隙、枝条上发生斑点等症状。应及时用药物防治，如喷洒波尔多液或涂以石硫合剂。波尔多液宜随用随配，否则放置过久会发生沉淀失效。如病害严重蔓延，需喷洒多菌灵等杀菌剂。

（3）叶部病害

常见的有叶斑病、白粉病、黄化病等，叶面发生黄棕色或黑色斑点，出现叶片蜷缩、枯萎、早期落叶等症状。防治方法：针对叶斑病，可摘去病叶，或喷洒波尔多液；针对生理性黄化病，可用适宜浓度的硫酸亚铁溶液喷洒叶面；针对白粉病，可摘除病叶、剪除病梢并集中烧毁，清除病株周围枯枝落叶等垃圾，喷施62.25%锰锌·腈菌唑可湿性粉剂600倍液或其他常用的药剂。

4. 其他管理工作

（1）遮阳

树木盆景树种根据对光照要求不同，大致可分为喜光树种与耐阴树种。喜光树种可放在阳光充足的地方，耐阴树种应放在遮阳的地方。一般在酷热的夏季，树木盆景都应搭棚遮阳（图3-0-38）。

（2）防寒

不同树木喜温性和耐寒性不同，其管理要注意入冬防寒。一般耐寒性强的乡土树种，冬季可放在室外越冬，为防止盆土冻裂，可连盆埋在向阳地下，盆面露出地上。一些不耐寒的树种，具体防寒措施应根据当地气候条件、树种耐寒程度以及养护条件等综合考虑。如福建茶、九里香、金橘、佛肚竹等，在北方冬季养护必须移至室内或温室中越冬。

图3-0-38 遮阳

任务一
斜干式树木盆景制作

斜干式是树木盆景造型中较为常见的造型样式之一，树桩多植于盆钵的一端，主干直伸或略带弯曲，并向另一侧倾斜，树冠重心偏离根部，顶部姿态呈现回首状（图3-1-1）。整体造型险中求稳，静中有动，在变化中达到平衡统一。

图3-1-1　斜干式树木盆景

【任务描述】

颐和园盆景展上展出了一件斜干式树木盆景，张林同学非常喜欢这种样式，拍下了照片。请利用相应材料参考照片仿做一件。

【任务目标】

1. 掌握斜干式树木盆景的主要造型特征和追求的艺术效果。
2. 了解真柏的生长习性和整形修剪技术要点。
3. 掌握斜干式树木盆景的制作过程。

【任务流程】

准备阶段　➡　制作阶段　➡　养护阶段

环节一　准备阶段

1. 选材

选取主干粗壮、枝叶丰满、达到一定高度的真柏，将选好的真柏脱盆后直接放入选中的缸盆中（图3-1-2）。

2. 构思

仔细观察植株，依据斜干式造型需要，结合手中材料的特点，选取植株的前后面，进行枝干取舍、确定枝托分布走势等。可在心里打腹稿，也可在纸上简略画出设计造型，确保在动手操作前做到心中有数。

图3-1-2　选材

小贴士

真柏（图3-1-3）：

　　柏科圆柏属，常绿匍匐小灌木，高达75cm，枝条沿地面扩展，褐色，密生小枝，枝梢及小枝向上斜展。喜光，略耐阴，耐寒性强，对土壤要求不严，中性或碱性土壤均可，亦耐瘠薄，但以肥沃、深厚及含腐殖质丰富的土壤最宜。

图3-1-3　真柏盆景

环节二　制作阶段

1. 修剪造型

① 自真柏基部往上进行修剪，剪除多余侧枝、枯枝、交叉枝、重叠枝等，修剪时要不时地停下来观察整体效果，以免局部修剪过度。

② 进行顶部修剪（图3-1-4）。

③ 遇到硬的茬口用球形剪来处理（图3-1-5）。

图3-1-4　修剪顶部　　　　　　　　　　　　图3-1-5　用球形剪处理硬茬口

小贴士

球形剪（图3-1-6）：

又称为球节剪，多用于修剪盆景树瘤、树节，也可以用来撕去树皮及较硬的木质部。球形剪修剪后，枝干留下内凹的球形切口，便于伤口愈合，不易留下修剪痕迹。修剪时应根据剪口的大小来选择适宜型号的球形剪。

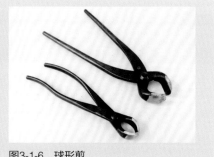

图3-1-6　球形剪

2. 清理树干及枯叶

首先用硬毛刷或者钢丝刷沿着树皮纹理方向刷去树干表面残留的腐朽树皮和杂质（图3-1-7），露出树皮漂亮自然的红棕色。注意操作力度要适中，勿伤及树皮。再用镊子摘除枯黄的叶子。

3. 蟠扎造型

① 用适宜粗度的铝丝对整体植株进行蟠扎。蟠扎顺序是先主干再侧枝，由下往上逐一进行蟠扎（图3-1-8）。

② 吊拉侧枝（图3-1-9）。

③ 扭弯处理：铝丝缠绕完毕后，弯曲枝干，调整枝干的形状、角度、走势以及与其他枝干的位置关系。弯曲枝干时双手抓住弯曲点的两侧轻轻用力，然后逐渐加大弯曲力度直至操作完成。弯曲时应缓缓加力，摸索枝条承受的限度，要避免一下用力过猛导致枝干折断（图3-1-10）。

图3-1-8 蟠扎主干

图3-1-7 用钢丝刷刷去腐朽树皮和杂质

图3-1-9 吊拉侧枝

小贴士

吊拉包括拉枝和吊枝。拉枝是指为了使某一枝条靠近树干或者靠近粗枝而使用金属丝或者棕丝等材料进行拉拽的技术，同时还包括一本多干和丛林盆景的干与干、干与枝靠近时所采用的拉近技术。吊枝是指为了把斜上生长的枝条横向伸展（增大分枝角度）和斜下方向伸展而采用的技术。

4. 上盆定植

① 选盆：真柏宜用素烧盆、紫砂陶盆，大型盆景亦可用凿石盆。盆的形状以中深的长方形、椭圆形、正方形、圆形、六角形等为宜，悬崖式可用深千筒盆。

② 将植株取出，在选好的盆底排水孔处垫瓦片。瓦片拱面朝上，略大于出水口即可（图3-1-11）。然后垫土，修剪根系，剔除烂根、枯根，剪去多余的长根，整理后放入盆中并进行定位安置（图3-1-12）。

图3-1-10　拿弯侧枝

图3-1-12　修剪根系

图3-1-14　用竹片塞土使土密实

图3-1-11　盆底排水孔处理

图3-1-13　填土

图3-1-15　作品完成

③ 倒入细土填充空隙（图3-1-13）。边倒土边用竹片插入空隙中的新土，将其压实，使新土与根部密实结合（图3-1-14）。

5. 植苔修饰

① 整理：可从远处仔细观察整个植株，对蟠扎修剪的不足之处进行调整。

② 植苔：将青苔铺满盆面，青苔一定要贴合盆土，青苔块之间要无缝对接。铺好后用湿润的毛巾铺盖在青苔上，用手掌轻轻按压，使青苔之间以及青苔与土壤之间贴合紧实。

6. 命名

所有制作阶段的造型操作完成之后（图3-1-15），对作品进行命名，可依据树桩整体体现出的动态命名为"轻歌曼舞"，也可根据最初立意或者画面内容起个其他具诗情画意的名字。

环节三　养护阶段

① 浇透定根水，使种植材料与植物根系贴合。

② 置于通风半阴处养护，待植株恢复后逐步增加光照。

小贴士

真柏盆景日常养护注意事项：

1. 放置场所：适宜放置在空气湿润、阳光充足的地方。冬季可放置在室内越冬，盛夏须防止烈日灼晒，注意遮阳。

2. 浇水：宜保持盆土水分充足，但不能积水。平时经常在枝叶上喷水，可促进健壮生长、叶色翠绿。

3. 施肥：施用稀薄腐熟的饼肥水或有机肥，每年3～5月施肥2～3次，秋季可在盆中放置腐熟的饼肥屑。

4. 修剪：真柏不耐修剪，但可剪去顶尖部以促生侧枝。一般在春季抽生新枝叶时及时修短，以保持树冠浓密。嫩枝梢不宜用剪刀切除，可用手指掐摘，以防伤口呈锈色而影响美观。若需整修大枝条，则宜在休眠期进行。

任务二
悬崖式树木盆景制作

自然中着生于悬崖峭壁上的老树，其生长环境较为恶劣，一侧碍于山体限制，树体向外、向下生长，树势跌宕起伏，惊险奇特。悬崖式树木盆景多模仿此态，树桩基部多垂直，中下部开始倾斜，主干多蜿蜒曲折，向下跌出盆外（图3-2-1）。

【任务描述】

学校举办艺术节，请你利用铺地柏制作一盆悬崖式树木盆景用于展览，并给作品命名。

【任务目标】

1. 掌握悬崖式树木盆景的主要造型特征和追求的艺术效果。

2. 掌握悬崖式盆景的主要类型。

3. 了解铺地柏的生长习性和整形修剪技术要点。

4. 掌握悬崖式树木盆景的整个制作流程。

【知识学习】

悬崖式树木盆景造型多样，按树桩主干末梢与盆底的位置关系，可将悬崖式树木盆景分为大悬崖和小悬崖两类。

大悬崖：植株顶端低于盆底的悬崖式树木盆景（图3-2-2）。

小悬崖：植株顶端高于盆底的悬崖式树木盆景（图3-2-3）。

图3-2-1　悬崖式树木盆景

图3-2-2　大悬崖

图3-2-3　小悬崖

【任务流程】

准备阶段 ➡ 制作阶段 ➡ 养护布展阶段

环节一　准备阶段

构思立意

① 挑选一棵铺地柏作盆景（图3-2-4），从不同方向观察植株，确定观赏面（图3-2-5）。

② 仔细观察树形、树势与枝干分布等，了解植株在造型上的优势与不足。

③ 改变盆和植株的摆放角度，结合植株本身特点进行构思（图3-2-6），选择最佳的悬崖式造型定位。

图3-2-4　选材

图3-2-5　确定观赏面

图3-2-6　构思植株摆放角度

小贴士

1.铺地柏（图3-2-7）：又称为砂地柏，柏科圆柏属，常绿匍匐小灌木。喜光，稍耐阴，喜石灰质的肥沃土壤，在干燥砂地上也能生长良好，耐寒、耐旱、抗盐碱，忌低湿。

2.树势：树木的形状和长势。

图3-2-7　铺地柏

环节二　制作阶段

1.蟠扎修剪造型

① 主干蟠扎造型：蟠扎遵循先主干再侧枝、由下至上的顺序进行（图3-2-8）。顶部枝条较细弱，用尖嘴钳扭旋铝丝带动枝条扭曲（图3-2-9）。缠绕铝丝时应避开分枝，不能将侧枝和主干捆扎在一起。

② 主干修剪造型：修剪针叶和多余枝条（图3-2-10）。

③ 侧枝蟠扎造型：侧枝蟠扎时选用相对较细的铝丝加强顶端造型（图3-2-11）。

④ 侧枝修剪造型：修剪针叶，剪掉多余细枝，造型完毕（图3-2-12）。

2.脱盆整理

① 植株脱盆：用翻盆钩把边缘的土耙松（图3-2-13），双手配合将根坨取出（图3-2-14）。

② 选取大小、形状、色彩适宜的紫砂千筒盆，并在盆底排水处垫上瓦片。

图3-2-8　蟠扎主干

图3-2-9　用尖嘴钳扭旋铝丝

③ 根据盆的大小，削去根坨四周的旧土（图3-2-15）。

④ 整理根系：剔除烂根、枯根，剪去多余的长根（图3-2-16）。

图3-2-10 修剪多余枝叶

图3-2-12 修剪侧枝

图3-2-11 蟠扎侧枝

图3-2-14 双手配合进行脱盆

图3-2-13 用翻盆钩耙土

图3-2-15 去除旧土

3. 换盆定植

① 盆底部倒入透气性好并掺有基肥的粗颗粒土。

② 植株入盆，并对根部突出部分进行整理固定（图3-2-17）。

③ 填入细土，用竹片多次插入根坨和盆之间，使新土与根部密实结合（图3-2-18）。

4. 整理修饰

栽好后，仔细观察植株，对蟠扎修剪的不足之处进行调整。然后将青苔铺满盆面，在青苔上用手掌按压。注意一定要使青苔贴合盆面（图3-2-19）。

5. 命名

观看作品整体造型，主干曲折蜿蜒探出盆外，可起名为"探"；其状又如蛟龙出海一般，也可起名为"蛟龙探海"，使作品更为形象生动。

图3-2-16 修剪根系

图3-2-17 整理固定根系突出部分

图3-2-18 用竹片密实新土

图3-2-19 植苔

环节三　养护布展阶段

1. 养护管理

① 浇透定根水，使土壤与植物根系贴合。

② 置于通风半阴处养护，缓苗后逐步增加光照。

2. 布展

一般根据展览布置需要，在开展前几天将作品放置在展览区域，还需配置与盆景作品相适宜的几架一同展览。盆景展览地点以开放的室外环境为宜，室内展览应注意通风、采光及湿度管理。展览期间应注意观察展区环境特点及植物的生长状况，及时做出调整。

小贴士

铺地柏养护注意事项：

1. 光照：春、秋阳光还不太强烈时，把铺地柏盆景放置于阳光下养护，夏季高温炎热之时，应把铺地柏盆景放置于半阴处或遮阴棚内，冬季室温5℃左右可安全越冬。

2. 浇水：铺地柏喜湿润，但盆内又不能积水，除向盆内浇水外，还要适当向养护场地洒水，保持一定的湿度。冬季要少浇水。

3. 施肥：已经成型的铺地柏盆景不宜用肥过多，生长季节每月施一次腐熟的稀薄有机液肥即可。施肥过多、过勤，会使枝条徒长，影响树形。

4. 修剪：铺地柏的养护过程中，有时会长出过长的枝条，破坏树形，应及时剪去。为使枝叶短而密，要适当摘心，以利于侧枝的生长。

任务三
公孙式树木盆景制作

一盆中有两个主干，或一棵树桩分成两干，或两棵树合栽于一盆，两棵树一主一副，一粗一细，一高一低，彼此相差悬殊，互相呼应，这种双干式树木盆景被称为公孙式树木盆景（图3-3-1）。公孙式造型中险与稳、老与嫩等各种矛盾看似对立，却又和谐统一、相得益彰。其中"公"树老而坚硬，充满力感；"孙"树陪伴膝前，活泼、天真，携老扶幼，画面温馨感人。

【任务描述】

近期市场上公孙式树木盆景销售较为紧俏，公司要求你利用对节白蜡桩材尽快制作一批公孙式树木盆景，以满足市场销售需求。

图3-3-1　公孙式树木盆景

【任务目标】

1. 掌握公孙式树木盆景的主要造型特征和追求的艺术效果。
2. 了解对节白蜡的生长习性和整形修剪技术要点。
3. 掌握盆栽植物脱盆技术要点。
4. 掌握公孙式树木盆景的整个制作流程。

【任务流程】

准备阶段 ➡ 制作阶段 ➡ 养护阶段

环节一　准备阶段

观察构思

① 选两株大小相差悬殊、造型相近的盆栽对节白蜡以及紫砂盆作素材（图3-3-2）。

② 观察树形、树势与枝干分布等，了解材料造型上的优势与不足。

图3-3-2　选材（正面）

小贴士

对节白蜡（图3-3-3）：

又称湖北白蜡，木犀科梣属落叶大乔木。喜光，也稍耐阴；喜温和湿润的气候和土层；稍耐寒，耐干旱、耐瘠薄，适应性强。产于中国湖北等地。主要采用播种、扦插繁殖。可作为行道树、庭荫树。对节白蜡生长缓慢，寿命长，树形优美，盘根错节，萌芽力强，耐摘叶，适宜修剪造型，是重要的盆景材料。

图3-3-3　对节白蜡盆景

环节二　制作阶段

1. 脱盆整理

① "公"树脱盆：用翻盆钩在"公"树盆四周边缘耙出一条沟槽（图3-3-4）。两人互助将"公"树脱盆（图3-3-5）。

图3-3-4　用翻盆钩耙松盆壁周围土壤

图3-3-5　两人配合进行大苗脱盆

② "公"树整根：剔除烂根、枯根，理顺细根，剪去过长的根系（图3-3-6）。

③ "孙"树脱盆：双手配合将植株完整脱出（图3-3-7）。

④ "孙"树整根（图3-3-8）。

2. 组合布局

① 将两树置于盆中进行合栽布局，发现"孙"树横生枝顶向"公"树（图3-3-9）。

② 剪去"孙"树较粗横生枝（图3-3-10）。

3. 定植

① 在马槽盆底部两个出水孔处垫网状隔片（图3-3-11）。

② 向盆底部倒入透气性好并掺有基肥的粗颗粒土（图3-3-12）。

③ 将"公"树、"孙"树安置在已设定的位置，发现"孙"树侧根过长，两树结合不紧密（图3-3-13）。

④ 剪掉"孙"树过长的侧根（图3-3-14）。

⑤ 确定"公"树、"孙"树相对位置后往盆中填入细的新土。

⑥ 用竹片戳和泥土，使土与植株根部紧密结合（图3-3-15）。

图3-3-6 修剪"公"树根系

图3-3-7 "孙"树脱盆

图3-3-8 修剪"孙"树根系

图3-3-9 组合布局

图3-3-10　修剪"孙"树横生枝　　　图3-3-11　排水孔处放置防虫网

图3-3-12　垫土　　　图3-3-13　合植后观察调整

图3-3-14　修剪"孙"树根系使两树贴合　　　图3-3-15　用竹片密实泥土

4. 整形修饰

对两棵树进行修枝（图3-3-16）。修枝完毕，两棵形态相近、方向相同的对节白蜡体现出公孙式造型的特点（图3-3-17）。

图3-3-16　修枝　　　　　　　　　　　　　　图3-3-17　作品完成

5. 命名

操作完毕后对作品进行命名，景名为"继往开来"。也可以根据自己的理解，起一个既符合造型特点，又雅致、有寓意的作品名称。

环节三　养护阶段

① 浇透水，使土壤与植物根系贴合。

② 置于通风半阴处养护。

小贴士

成型的对节白蜡盆景养护注意事项：

　　1.修剪：适时抹芽。对节白蜡每年有春、秋两次生长旺季。春天对节白蜡萌发新芽最多，应及时将长在不需要部位的新芽抹去。经过盛夏季节短暂休眠，8月中下旬迎来第二次生长高峰，此时新芽虽不及春季多，但也要及时抹去。

　　2.盆土管理：减少盆土。对节白蜡成型后，要将深盆换成浅盆，尽量减少盆中的土壤。同时，在配土时要适当多加些煤渣，土、煤渣可各占50%。

　　3.浇水：控制水分。要尽量少浇水，平时保持盆土有些潮气即可。盛夏季节适当多浇些水。浇水时间以清晨或上午为主，尽量避开晚间浇水和夏季中午浇水。

　　4.施肥：控制施肥。因对节白蜡十分耐贫瘠，其成型后，可基本做到不施肥。但为了不使树的体质太弱，可在深秋时节对节白蜡落叶前一个月施些薄肥。

单元小结

　　一般树木盆景的制作分为准备阶段、制作阶段和养护阶段。其中准备阶段主要有选材、构思、清理等操作；制作阶段主要有造型、换盆等操作。造型是通过园艺技术手段最终改变植物材料的外部形态，达到造型预期的目的。利用园艺技术改变植物形态必须在遵循植物材料本身生长规律的基础上进行，否则适得其反。园艺技术手段主要有蟠扎、修剪、雕刻、提根，还有嫁接、拿弯、吊拉等，本单元主要讲解常见的蟠扎、修剪技术。养护阶段主要是通过控制光照、水分、温度、肥料等环境条件促进或抑制植物生长，使植物材料生长达到预期，保持造型。俗话说，"三分做，七分养"，盆景能否保持良好的生长状态和造型，与盆景的日常养护水平息息相关。

　　树桩盆景制作涉及知识较多，技术手段繁杂，受篇幅所限，本单元介绍的内容相对简略一些。要想掌握和提升树木盆景制作水平，需不断加强理论知识学习，并积极付诸实践，在实际操作中不断思考总结。另外，平时还需多参加盆景交流活动，多和他人交流。

单元练习与考核

【单元练习】

一、名词解释

1. 树木盆景　2. 斜干式　3. 大悬崖　4. 公孙式　5. 树势

二、填空

1. 悬崖式树木盆景树桩基部多_____，中下部开始_____，主干多蜿蜒曲折，向下跌出_____之外，梢部向上回旋，体现出树桩顽强的生命力，视觉效果强烈。

2. 树木蟠扎多使用金属丝蟠扎，金属丝中使用_____丝居多。铝丝与枝条夹角为_____左右，角度越_____，铝丝缠得越密集，反之，角度越小，铝丝缠得越_____。

3. 树木盆景植物材料的3种来源：_____、_____、_____。

三、简答

1. 树桩盆景植物材料的选取标准。

2. 盆景修剪技术主要包含的几个方面及各自技术要点。

3. 金属丝蟠扎的优缺点。

四、思考与讨论

如果盆景盆较浅，盆底排水孔还需要垫瓦片吗？有没有其他方法？

【技能考核】

一、考核评分表

环　节	准备阶段	制作阶段	养护阶段
步　骤	立意、构图、选材	蟠扎、修剪、造型效果、命名	养护
分值（分）	25	50	25
实际得分（分）			

二、考核内容及评分标准

1. 准备阶段（25分）

① 植物材料选择准确，准备创作的题材立意有内涵，造型选择恰当，设计构图清晰准确。（21～25分）

② 植物材料选择准确，准备创作的题材立意较有内涵，造型选择比较恰当，设计构图较准确。（15～20分）

③ 植物材料选择不准确，准备创作的题材未仔细思考，造型不够恰当，设计构图不够准确。（15分以下）

2. 制作阶段（50分）

① 蟠扎、修剪、造型效果、命名各步骤顺序正确，工具使用得当，操作熟练准确，操作过程安排合理紧凑，在规定时间内完成，效率较高。（41～50分）

② 蟠扎、修剪、造型效果、命名各步骤顺序正确，工具使用得当，操作比较准确但不够熟练，操作过程安排合理，基本按时完成。（31～40分）

③ 蟠扎、修剪、造型效果、命名各步骤顺序不正确或丢失环节，工具使用不得当，操作不准确，过程安排不合理，未按时完成。（30分以下）

3. 养护阶段（25分）

① 对植物的管理及时准确。（21～25分）

② 对植物的管理比较及时准确。（15～20分）

③ 未及时、正确管理植物。（15分以下）

单元四
山水盆景制作

单元介绍

　　山水盆景是中国传统盆景艺术的珍品之一，将峻峭挺拔壁立千仞之势、山峦连绵景深意长之幽、玲珑精致水穴洞天之奇的自然景观再现盆盎之中，使人顿觉超凡脱俗、心旷神怡。

　　本单元任务选取沙漠式、深远式、景屏式3种风格特征鲜明的样式，通过实操了解制作山水盆景的材料、工具、造型、养护等基础知识，掌握任务中3种山水盆景的制作过程及操作要点。

单元目标

1　了解并掌握山石材料的种类、特征。

2　能够识别和正确使用石材和工具。

3　掌握3种山水盆景的造型特点和艺术效果。

4　掌握3种山水盆景的制作过程及要点，具备基本的养护山水盆景的能力。

5　加深对中国山水画、书法等传统文化的兴趣。

6　培养踏实、认真、严谨、吃苦耐劳的工作作风。

7　培养团队协作的意识和能力。

单元知识学习

一、山水盆景概述

山水盆景以丰富多彩的石种为材料，选择外形、纹理、色彩相同的景石进行布局，通过锯截、雕琢、胶合成景，安置在浅盆内，再点缀树木，配上亭、船、人物等配件，经过立意和艺术造型，创造出移天缩地的自然山水风貌。

山水盆景与山水画创作的原理是相同的。不同之处在于山水画是在纸上平面作画，用的是笔、墨、纸、颜料等材料，在二维空间创作；而山水盆景是在盆中作景，是真材实料，在三维空间创作，是立体的。山水盆景用材受到极大的限制，不像其他艺术门类那样广泛。例如，文学家拥有词汇，作曲家使用音符，画家可随意选择运用纸、笔、各种颜料，而山水盆景的原材料——景石，是大自然几千年、几万年甚至几亿年的造化，不可随意改变其整体面貌，所以在创作中要去领悟空间艺术可寻的造型原理、不同形态和形成的可能，使主观心境和客观物体构成极度吻合，将灵魂赋予作品，把自己真正的思想感情以艺术的形式表现出来。创作者不但要有美学知识、艺术修养，还要有观察自然山水的实践生活体验，并要具有深厚的技艺功底、掌握造型结构原理等，这样盆景作品才能源于自然并高于自然，达到诗情画意、引人入胜的最佳效果。

二、山水盆景常用石材

1. 硬石类

硬石质地较硬，一般硬度在3～7级。硬石具有独特的皴纹、色彩、形状、神态，是制作山水盆景的主要石料。制作时多取用天然形态，进行锯截胶合而成，不用对表面进行雕琢加工。缺点是不易加工，栽种植物成活困难。

（1）**斧劈石**（图4-0-1）

江苏武进等地产有斧劈石，石质坚硬，其皴纹与中国画中"斧劈皴"相似，可开凿分层。斧劈石属页岩，经过长期沉淀形成，含量主要是石灰质及碳质。色泽上虽以深灰、黑色为主，但也有灰中带红锈或浅灰等变化，这是因为石中含铁及其他金属成分所致。斧劈石因其形状修长、刚劲，造景时作剑峰绝壁景观，尤其雄秀，色泽自

图4-0-1　斧劈石

然。但吸水性能较差，青苔难于生长，多在山体周围栽植攀缘类植物。

（2）龟纹石（图4-0-2）

四川、重庆、湖北、广东、广西、安徽等地产有龟纹石，质硬，颜色大多以深灰色为主，也有褐黄等色，石面常有龟甲纹理，很有岩壑意境，宜作树石盆景配石，极富有自然情趣。制作盆景时，要依纹配山、布置散点石、坡脚石等，可用切割机切成平台，上面可点缀楼、台等。植物配置多样性不受限制。

图4-0-2 龟纹石

（3）英德石（图4-0-3）

广东英德一带产有英德石，为石灰自然风化和长期侵蚀形成，石质坚硬，纹理细腻，多皱富变，形态自然，具峰峦岩窦之势。多以孔皱透，体态嶙峋为佳。多为灰色、浅色或灰黑色，间有白色、灰白色和黑色条纹相间杂色，偶有浅绿色。不吸水。可制作山石盆景，也可作树木盆景之配石。

图4-0-3 英德石

2. 软石类

软石类质地疏松，多孔隙，易雕凿，有的能吸水，可生长苔藓，有利于草木扎根生长。养护多年生的软石盆景，每当春夏间一片葱绿，生趣盎然，民间称之为"活石"，缺点是较易风化剥蚀。

（1）砂积石（图4-0-4）

安徽、浙江、广西、江西、江苏、湖北、四川、山东、广东等地

图4-0-4 砂积石

产有砂积石，色多淡黄，质松，易琢，吸水性强，易长青苔，于植物生长有利。砂积石为泥沙与碳酸钙凝聚而成，质地不太均匀，有松有坚，含泥沙多处松，含碳酸钙多处坚。缺点是易损坏。冬季需移至室内，以免冻坏。常用于表现崇山峻岭、山清水秀的景色。

（2）**浮石**（图4-0-5）

长白山天池、黑龙江、嫩江及各地火山附近产有浮石，又名浮水石。灰黄、浅灰或黑色等，以灰黑色最好，为火山喷发熔岩泡沫冷凝而成。质地细密疏松，内多孔隙，能浮于水面。吸水性能极好，易附植各种小植物，易加工出各种皴纹。缺点是易风化，很少有大料，多用于制作小型山水盆景。

（3）**海母石**（图4-0-6）

产于东南沿海各地，以福建所产最多，又名海浮石、珊瑚石。白色，为海洋中珊瑚、贝壳等生物遗体积聚而成，质地疏松，

图4-0-5 浮石

图4-0-6 海母石

分粗质和细质两种。粗质较硬，不便于加工；细质为好，有些还能浮于水面。吸水性好，易琢，但孔隙内多含盐分，需多次漂洗方能附植。常用于制作中、小型山水盆景。

三、山水盆景制作技术

1. 选石

选石有两种情形。一是作者在制作前就有一个表现主题的基本构思与设想，并据此选择石料的种类、形状和色泽等，称为依题选材；二是作者无意中发现一块或数块山石，触景生情，然后根据石料的特点来决定创作意图，进行加工，或经过仔细的观察揣摩，构思趋向成熟，然后进行加工制作，称为因材施艺。

理想的山石材料是作品成功的基础，选择良好的材料是创作的第一步，也是至关重要的一步。选材时，首先应根据石材的自然特征，确定其适合的自然景观造型。例如，选择一组皴纹直立、长条形状、轮廓自然的砂积石为素材，则适宜制作剑峰峻峭、高耸挺拔的造型景观。选材时要注意，素材的质地、种类、皴纹一定要统一，一件盆景作品最好只用一种类别的素材，色彩也不可差异太大。

2. 山体轮廓的敲凿

为制作一件山水盆景作品进行选材时，首先要对石材的顶部轮廓线进行观察，引发构思，反复推敲。不论硬石还是软石，在轮廓线排列起伏不明显时，都要对其进行敲凿，使之起伏鲜明，富有节奏感。

3. 锯截

必须先将石料底部锯平，才能进行组合布局。下锯前，必须仔细观察石料，反复比较，本着扬长避短的原则，审视好下锯的角度和高度，尽可能利用材料的精华部分。硬石要用机械切割，而软石质地疏松，用钢锯即可任意锯截。

（1）长条山石的锯截

硬质长条形石料，如果两端均具有山岭形态，在锯截时可巧妙地分为一长一短、一大一小、一高一矮，高的为峰，低的为峦或远山，从而获得两块好的石料。如只有一端姿态较好，应根据造型最大限度地保留一端，截去另一端。

（2）不规则山石的锯截

对于不规则山石，粗看浑然，一无是处，但如果反复审视，就会发现其虽然不规则，但四周多棱状突起，山峦丘壑藏于局部之中。如果巧妙地将其截为几块，即可得到几块大小不等、形态各异、姿态不一的石料，或作峰、峦、远山，或作礁矶、岛屿，可量材取用。

（3）各种平台的锯截

平台、平坡、平滩在山水盆景坡脚处理中具有独特的作用。有时在选石时也能发现天然平台石料，但优者少见。如果在锯截时将一块石料按厚薄不等截成数块，可获得各种平台。

4. 纹理

一般而言，一件山水盆景作品要求在石体纹理上一致，这样显得景观画面较为统一。但因石材本身的差异性，有时要对一些纹理不明显或纹理差异较大的石材进行纹理的刻画与雕凿。一般用剔、掏、敲等方式进行，视石材的软硬性质而定，若有的纹理实在不能理出，则可用大致色泽一致的石材进行错落拼接，形成大的块面凹凸现象，达到景观统一生动的要求。

在盆景制作中，山石表面纹理处理常用的具体皴法有斧劈皴、乱麻皴、乱石皴、卷云皴、折带皴、荷叶皴（图4-0-7）。

斧劈皴

乱麻皴

乱石皴

卷云皴

折带皴

荷叶皴

图4-0-7　常用皴法样式

5. 组合

组合是山水盆景布局的具体实施，是山水盆景制作过程中的一个重要环节，通过组合使作者的立意构思得以实现。在组合布局过程中，常常会发现与原构思有不合之处，或因缺少设想中的特定形态的石料而必须调整构思，或重新选择及加工石料。因此，山石的组合布局与石料的选择加工往往是交替进行，不可分开的。要想组合布局能顺利进行并达到预先设想的目标，备有充足的石料以供组合时选用是很必要的。

主峰是全景的视觉中心，重点所在，故应首先把主峰组合好，然后再进行其他景物的组合。主峰可由多块山石组成，也可由一块天然成形的山石组成。组合主峰的多块石料必须在质地、颜色、纹理上基本一致，以求和谐、融洽、浑然一体。在着手于主峰的组合时，就应注意次峰的安排。次峰一般紧靠主峰一侧，用来丰富主峰的层次，增强山体趋势，使主峰与配峰之间有一个适当的过渡。

主、次峰之外的山峰均为配峰。配峰应与主峰在风格上相统一，趋势上相呼应，但在形体上必须有所区别。配峰在整体上属次要景观，主要起衬托、对比作用，例如，以配峰的平庸衬托主峰的雄秀，以配峰的低矮反衬主峰的挺拔，所以配峰的形态不宜突出，必须遵循画论中"客不欺主，客随主行"的原则，否则主次不分，喧宾夺主，布局也就失败了。

在主、配峰的组合布局中，既要突出重点，更要兼顾全局。要精心安排山峰之间的高低、大小、前后层次和左右开合，以产生强烈的节奏起伏感。要注意疏密得当，留出一定的空间和水面，给观赏者留下联想的余地，作品才耐人寻味。总之，组合布局的过程也就是解决一系列矛盾的过程，诸如主与次、虚与实、疏与密、大与小、聚与散、露与藏、起与伏、险与稳、呼与应、开与合等，必须灵活运用各种艺术手法，正确处理好这些矛盾关系。

另外，不论是哪种形式的山水盆景，其坡脚的处理非常重要。坡脚是山体与水面的交接处，水岸线的蜿蜒曲折，可使空旷、静止的水面产生流动的感觉，使整个画面活起来，所谓"水随山转，山依水活"。因此，水岸线的处理应采用灵活多变的形式，避免呆板平直。

6. 固定胶合

有的石料成形后不能自立于盆中，必须切平石底与盆面胶合在一起，或用胶合剂填平石料底部才能使山石平稳地立于盆面。胶合前要对胶合面进行预处理，用钢丝刷清洗胶合面，对过于光滑的表面还应进行磨毛处理。胶合石料要纹理一致，并且接缝处理要与石料协调，可用颜料调色勾缝，也可用同样的石粉撒在胶面水泥缝上。胶合后必须在一定的时间内进行保湿养护，不可在烈日下暴晒，以免影响胶合强度。最好的方法是，胶合好后盖上湿布，移至阴处，定时往湿布上洒水。

7. 植物与配件

植物点缀与配件安置是丰富作品内容、表情达意的一个不容忽视的重要环节。如果山石上没有一点植物点缀，那就成了毫无生机的荒山秃岭，令人乏味。同样，自然山水与人的活动也是分不开的，如果全部景物中没有人、亭、塔、船等配件，就会显得气氛冷清，缺少活力。因而，植物和配件的点缀可使画面产生情趣盎然和勃勃生机，可以帮助表现特定的题材，增添作品的观赏内容，加深作品的含义，使作品产生一种亲近、自然、和谐、融洽的氛围。这样的作品才容易被欣赏者所接受。

植物点缀要根据题材、山形、布局以及石种等因素综合考虑，并要符合自然规律和透视原则。例如，高耸挺拔的山峰宜在山腰栽种悬崖式树木，山坡丘陵宜点缀矮小的树木。要掌握近山植树、远山种苔、下大上小的透视原则，并做到疏密得当，不可满山遍布而掩盖了山峰的秀丽。选择的植物应株矮叶细，宜小不宜大，要注意"丈山尺树寸人"的比例关系。有些近景由于是局部的特写，可做适当的夸张。

配件安置应因景制宜。何处宜亭、塔，何处宜舟、桥，都要服从景物的环境需要。唐代画家王维在《山水论》中言："山腰掩抱，寺舍可安，断岸坡堤，小桥可置，有路处，则林木，岸绝处，则古渡，水断处则烟树，水阔处则征帆，林密处则居舍。"即指配件的安排要符合自然和生活规律。另外，要注意大小比例、透视关系，以少胜多，藏露得宜。一般来说，亭、阁可置山腰，塔多安置在山势平缓的配峰上，舟楫多置于宽阔的水面，房屋、茅舍应置于山脚坡岸处。

8. 题名

在作品的立意、构思创作中或在制作完成后，给作品赋予高雅、贴切、形象、生动、凝练、含蓄的名称，可以扩大和延伸盆景所要创造的艺术境界，起到点明主题、深化意境、引导欣赏、提高作品的思想性和艺术性的作用。一个贴切高雅的题名，可使作品大为增色并往往能产生意料之外的效果，题名在盆景意境的表现上起着画龙点睛的作用。

四、山水盆景养护管理技术

1. 山石养护

山水盆景用盆如果为白色大理石盆，无论是放在室外还是室内，山石和盆都会因尘埃灰垢的污秽而影响观赏效果，所以山石要利用洒水机会经常喷洗，去除尘埃。而白色大理石盆最易变脏，故而也要定期进行清洗，必要时可用去污粉刷洗或铜丝刷刷除。这样可以保持最佳观赏效果。搬动山水盆景时，注意小心轻放，防止损坏盆器山峰。

2. 植物养护

山水盆景的放置场所也有讲究，由于种植在山石上的植物一般土较少、根浅，故在高温季节时应给山石遮阳，避免在强光下暴晒。冬季植物不耐严寒，一般不宜放在室外，可以放在有阳光的温暖处。平时可放在通风良好、具有一定湿度的半阴处。

栽种在山石上的植物因其生长条件极为有限，要想其常年保持苔鲜草绿、枝茂叶盛不是一件易事。要精心照料，细心养护，才能使其生长良好。植物的日常管理主要有施肥、浇水、修剪、病虫害防治等方面。

一般栽种植物的浅口盆盛水极少，在炎热的夏季时，水分蒸发很快，故要及时向盆内浇水。除把盆中水浇满外，还须用细水喷壶从山石顶部往下浇灌，一是可以使山石尽快吸满水，以利于植物根系生长，二是通过浇灌可将山石和植物表面的尘埃随水冲去，使山石和植物保持干净。

栽在山石上的植物，由于泥土较少，生长条件较差，又不能常常换土，为使其有足够的生长养分，必须经常予以施肥。肥料最好用腐熟的液体肥，可以多加些水，稀薄的淡肥有利于山石上植物的生长。如果是软质石料，则可以将稀薄腐熟的淡肥水直接施在盆中，让山石慢慢吸上去。如果是硬质石料，则必须用小勺将肥水慢慢浇灌在植物根部，让其渗入到泥土中。施肥宜薄肥勤施，以春、夏生长季节施肥最好。

种植在山石上的植物，一般选用生长成型、树势丰茂的植株。由于山石上泥土较少，养分有限，加之为了整个山石造型的协调和美观，必须经常予以修剪。杂木类树种，如榔榆、雀梅、六月雪等，应把一些过长、过于茂盛的枝叶剪去。杂木类树种除了要修剪徒长枝外，平时还可以将一些老叶摘除，让其萌发新叶，使叶形更小，更具欣赏价值。如果是松柏类，因其生长缓慢，可以采取摘芽除梢的办法来控制其生长。如五针松、真柏，每年在春季新芽伸展时摘除芽顶1/3即可，不必修剪。

由于山水盆景的植物生长环境较差，可以考虑选择如六月雪、半枝莲、雀舌黄杨等植物，还可以同时将其栽种在小盆里作预备植物，可适时更换枯死的植物，能增加新鲜感。

夏季强光暴晒，石料容易粉坏损落。强阳光下也不利于植物的生长，因为盆钵内土壤和水分少，植物经受不住强光的照射。在夏季和初秋，宜将山水盆景放在庇荫处，或放在遮阴棚内，每天必须喷洒几次水，以保持一定的湿度。

进入冬季，要采取防寒措施，以防植物被冻死。在我国北方地区，冬季气温都会降至0℃以下，所以必须把山水盆景移放到室内，不能让盆中山石和水结冰。南方地区冬季气温一般都在0℃以上，盆中山石和水不会结冰，故可以放在室外避风处越冬。

任务一
深远式山水盆景制作

深远式在盆景分类中属于山水盆景的一种。该式盆景表现自然界中规模宏大、气势磅礴、层次丰富、意境深远的景致（图4-1-1）。为在有限的盆中体现无尽的深远效果，通常深远式山水盆景分3组山石景物组合，在盆面上呈不等边三角形布局，往往体现前景的石材体量较大，同时又以另外一组景物在后，利用近大远小的原理，达到自山前窥视山后的效果，形成深远之意境。

图4-1-1　自然中的深远式景观

【任务描述】

请找一张祖国山水风光照片，类似于图4-1-1，可以是你去各地旅游的风景照片，也可以是从网上看到的山水题材照片。请利用相应材料，按照深远式盆景特点据图制作一盆山水盆景。

【任务目标】

1. 掌握深远式山水盆景的主要造型特征和艺术效果。
2. 了解石笋石的形态特征。
3. 掌握深远式山水盆景的制作过程。

【任务流程】

准备阶段 ➡ 制作阶段

环节一　准备阶段

1. 选石

选取若干块石笋石，要求颜色、纹路统一，大小有区分。

> **小贴士**
>
> **石笋石**（图4-1-2）：
>
> 别名鱼鳞石、松皮石、白果石等。有青绿、青灰、棕黄、土红或多色共存的五彩色。该石质地坚硬，重而脆，不吸水。石内夹有大小不等的白色砾石斑，白色砾石经风化脱落，有的瘦长似笋，故名石笋石；有的表面斑驳如鱼鳞，也称鱼鳞石。主产于浙江长兴地区，是在特殊地质构造下形成的奇形山石，制成盆景，有峻险嶙峋之态，适宜制作峭崖、险峰、石林景观。

图4-1-2　石笋石

2. 立意

根据照片，联想到李白的诗词《望天门山》："天门中断楚江开，碧水东流至此回。两岸青山相对出，孤帆一片日边来。"由诗意确定盆景名字为"李白诗意"。

3. 构图

仔细观察准备的石头材料，依据开合式造型需要，在纸上将盆器及山石摆放位置、形状用笔勾勒出来（图4-1-3），同时考虑盆器的大小和材质、山石的纹路方向。

图4-1-3　深远式山水盆景草图

环节二　制作阶段

1. 锯截与雕凿

在石头上用笔划线，选取合适的工具（手锯或电锯），将石头按设计的高度锯开。保证底部平整，放于盆中稳定。因石笋石为硬质石材，表面纹路较清晰，所选石头轮廓基本符合设计需要，所以不必做过多雕凿。

2. 组合与胶合

① 创作深远式山水盆景，盆选用正圆形，主峰置盆后中间略左（图4-1-4）。

② 第二块石略低，紧靠第一块石左侧（图4-1-5）。

③ 第三块石放置后，主峰的山形轮廓就出来了（图4-1-6）。

④ 在主峰前面配置矮山，增加纵深感（图4-1-7）。

⑤ 在主峰前面安排一个平台，右侧安排低矮远山（图4-1-8）。

⑥ 在远山与主峰之间增加一个次高山尖顶，使山势峻险突出（图4-1-9）。

⑦ 在盆右侧布局配峰（图4-1-10）。

⑧ 在前面空旷处布置点石，布局完成（图4-1-11）。

图4-1-4　主峰第一块石料置盆后中间略左

图4-1-5　左侧放置主峰第二块石料

图4-1-6　左侧放置主峰第三块石料

图4-1-7　主峰前配矮山

图4-1-8　增加半台及远山

图4-1-9　远山与主峰间增加山石

图4-1-10　右侧布局配峰

图4-1-11　空旷处布置点石

图4-1-12　放置摆件

3. 点缀配件、配置植物

在山体上放置亭、塔等摆件，在留白的水面上放置比例适当的船，配置植物，作品完成（图4-1-12、图4-1-13）。

图4-1-13　配置植物

示例图片中盆景因体现景致较大，配置的植物为柏类，但并未栽植到山石上，所以此次制作未涉及栽种及养护植物的环节。如果在山石上种植植物，硬石类石材胶合时应预留种植空间。

任务二
沙漠式山水盆景制作

　　沙漠式在盆景分类中属于山水盆景全旱类的一种。自然中的沙漠，以沙为主，有少量植物分布（图4-2-1）。

图4-2-1　自然中的沙漠戈壁风光

【任务描述】

　　北京市举办关于"一带一路"发展系列活动，其中有相关项目洽谈会。为丰富会场环境，需要制作一件沙漠式山水盆景摆放在会场入口处，象征着古代的丝绸之路在现代社会又被赋予了新的使命。

【任务目标】

　　1.掌握沙漠式山水盆景的主要造型特征和艺术效果。
　　2.掌握千层石的主要特征。
　　3.掌握沙漠式山水盆景的整个制作流程及操作要点。

【任务流程】

准备阶段 ➡ 制作阶段 ➡ 布展

环节一 准备阶段

1. 选石

选取若干块千层石，要求颜色以浅黄色为主，横向纹路清晰统一，大小有区分。

小贴士

千层石（图4-2-2）：

千层石是沉积岩的一种，有深灰色、褐色和土黄色等色调，有的层中夹砾石。千层石有如国画中的折带效果，质地极坚硬，不吸水，可加工。用千层石造景，可横层劈截或黏接组合，特别适宜于树石盆景和驳岸、散点石配置。用千层石制作山水盆景，横叠后，气势宏伟，厚重中又显出轮廓线的变化。注意切不可显露人工雕凿的痕迹。

图4-2-2 千层石

2. 立意

根据会议要求，为切合"一带一路"主题，制作沙漠题材盆景，确定盆景名字为"沙漠风情"。

3. 构图

仔细观察准备的石头材料，依据沙漠式造型需要，在纸上将盆器及山石摆放位置、形状用笔勾勒出来，同时考虑盆器的大小和山石的纹路方向（图4-2-3）。

图4-2-3 沙漠式山水盆景草图

环节二　制作阶段

1. 锯截与雕凿

在石头上用笔画线，选取合适的工具（手锯或电锯），将石头按设计的高度锯开。保证底部平整，放于盆中稳定。如果千层石外侧横向纹路不清晰或附着泥土较多，可用钢丝刷顺着纹路用力刷几次。

2. 组合与固定

① 选用长方形紫砂盆，装入河沙，并进行地形改造（图4-2-4）。

② 在盆左方黄金分割点上安置一块千层石作主景（图4-2-5）。

③ 在主景左前方配上富有天然痕迹的副峰，增加厚重感（图4-2-6）。

④ 在盆右方安置一组配景（图4-2-7）。

⑤ 在配景周边缀几块景石（图4-2-8）。

⑥ 在主景周边增加几块景石（图4-2-9）。

⑦ 摆放两只温厚的骆驼（图4-2-10）。

⑧ 栽植有沙漠气息的仙人掌类植物玉麒麟，形成一幅沙漠风情图（图4-2-11）。

图4-2-4　紫砂盆中装入河沙做出地形

图4-2-5　安置第一块主景千层石

图4-2-6　左前方配置第二块千层石

图4-2-7　右侧安置一组配景千层石

图4-2-8　配景周边点缀景石

图4-2-9　主景周边点缀景石

图4-2-10　摆放配件

图4-2-11　配置植物

环节三　布展

　　根据会议时间，提前沟通运输与摆放事宜。一般盆景放置在会场大厅中间或入口处，还需配置与盆景作品相适宜的几架一同展览。因为是沙漠题材盆景，以沙石为主，配置的植物是耐旱型的，所以在会议展览期间不需太多管理，但如果摆放超过3天，应注意观察植物的生长状况，及时做出调整。

任务三
景屏式山水盆景制作

　　景屏式盆景在分类中属于山水盆景壁挂类的一种。仿照古家具屏风的造型，创作时用圆形、椭圆形大理石浅盆，在靠后方竖立大理石盆（盆一端切平）作背景，材料选择不仅要考虑形状、厚度、重量，还要考虑结构的固定和安装。多用英德石、斧劈石、鱼鳞石等石料。景屏式山水盆景还可题诗、落款，成为活的立体中国画。

【任务描述】

　　学校要进行校园传统书画展，为配合活动，请制作一件景屏式山水盆景，体现祖国大好河山，弘扬民族传统文化。

【任务目标】

　　1. 掌握景屏式山水盆景的主要造型特征和艺术效果。
　　2. 了解英德石的特征。
　　3. 掌握景屏式山水盆景的整个制作流程及制作要点。

【任务流程】

准备阶段 ➡ 制作阶段 ➡ 养护阶段

环节一　准备阶段

1. 选石

　　选取若干块英德石，要求表面纹理清晰统一、整体较薄的石材。因英德石质地坚硬，切割较费力，如果选取天然合适的材料，制作时可省时、省工。

2. 立意

　　根据书画展要求，为体现传统文化与祖国风光，可选取一些山水画作品，从中选取创作题材。初步确定假山松柏题材作品，找到相关题材国画材料（图4-3-1）。

图4-3-1　山崖边松柏题材国画

3. 构图

仔细观察准备的石头材料，依据国画中的山石构图特点，在纸上将盆器及山石摆放位置、形状用笔勾勒出来，同时考虑山石的纹路方向和配植植物的形态（图4-3-2）。

图4-3-2　景屏式草图

环节二　制作阶段

1. 景屏盆器的制作

因景屏式盆器较特殊，很难直接买到合适盆器，可自行制作。

① 选两个大小适宜的椭圆形大理石盆（图4-3-3）。

② 把大的椭圆形盆立在小形盆后方，拟做景屏式盆景（图4-3-4）。

③ 在大盆1/4处，用切割机进行切割（图4-3-5）。注意：电动切割机使用时有安全风险，应由专业人士完成切割任务。

④ 为方便栽种植物，在大盆上方钻一个三叶草形空洞，再将大盆立于小盆偏后方的位置，确定固定位置（图4-3-6）。

⑤ 将云石胶抹在大盆切割处底部，立刻将大盆安置在设定的位置上（图4-3-7）。

⑥ 右手拿丁字形尺做定位，左手扶盆，将盆立直、立稳（图4-3-8）。待两盆粘好后再松手。

2. 种植槽的固定

① 用云石胶把一块石料粘在景屏后方底部（图4-3-9）。

② 把一块丁字形石料安置在块石左侧，用铅笔做好定位记号（图4-3-10）。

③ 在丁字形石料底部抹上云石胶（图4-3-11）。

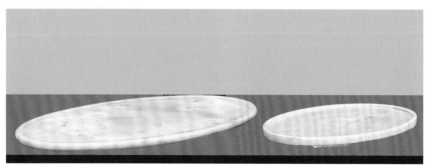

图4-3-3　椭圆形大理石盆

图4-3-4　大、小石盆定位

图4-3-5 切割大石盆

图4-3-6 确定固定位置

图4-3-7 连接处抹胶

图4-3-8 用丁字形尺定位

图4-3-9 背面底部粘第二块石料

图4-3-10 确定背面丁字形石料位置

图4-3-11 丁字形石料抹胶

图4-3-12 背面胶合丁字形石料

图4-3-13 背面安置固定石料

图4-3-14 背面固定种植槽瓦片

④ 将丁字形石料固定在已确定好的位置上（图4-3-12）。

⑤ 在丁字形石料左右安置两块小石头，起稳固作用（图4-3-13）。

⑥ 用云石胶将一片瓦固定在丁字形石料顶端的右边，继续粘瓦片，形成一个种植槽（图4-3-14）。

3. 固定植物

植物选用真柏，拟做成悬崖式效果，参照单元三植物造型技法。因种植槽及穿孔已准备好，为方便后期配置山石对植物进行支撑及遮挡穿孔，此次先栽种植物，后配置山石。

① 将真柏从花盆取出，剪掉多余根系（图4-3-15）。

② 将真柏穿过三叶草形洞（图4-3-16）。

③ 把真柏种在已做好的花槽中（图4-3-17）。

4. 山石的摆放与胶合

此次选用较合适石材，未做过多的切割与雕凿，直接按照设计图样将石头摆放胶合在盘上固定即可。

① 选一组双峰灵璧石，固定在景屏正面右侧（图4-3-18）。

② 选一块纹理相近的灵璧石立在双峰灵璧石上方，并用水泥将其固定（图4-3-19）。

③ 在双峰灵璧石周边配置条状景石，以丰富山体（图4-3-20）。

④ 在山体左下方再添加一块景石以平衡山体，作品完成（图4-3-21、图4-3-22）。

5. 命名题词

根据创作形态，盆景定名为"青龙探海"。为增加其文化韵味，请学校的书法老师题词：

落落盘踞虽得地，冥冥孤高多烈风。

——杜甫《古柏行》

6. 布展

将盆景及题词书法一同布置在书画展室入口附近。可单立屏风，将题词挂于屏风上，盆景摆于屏风前的长条几案上。要注意几案高度，尽量使盆景与题词左右搭配，类似装裱后的书画作品。还要注意自然光线和灯光的照射角度。

图4-3-15 修剪植物根系

图4-3-16 使植物穿过石盆

图4-3-17 固定栽种植物

图4-3-18 固定正面底部石料

图4-3-19 固定正面上部石料

图4-3-20 正面上部增加景石

图4-3-21　正面下部增加景石　　　　　　　　　　图4-3-22　作品完成

环节三　养护阶段

1. 山石的养护

此次选用白色大理石盆，要利用给植物喷水的机会对山石及大理石盆进行喷洗，去除尘埃，以保证在摆放展览期间的观赏效果。

2. 植物的养护

① 真柏较耐旱、耐贫瘠，但仍要注意展览室的通风及室内温度变化。

② 因种植槽较浅，展览期间每隔一天把种植槽浇满水，并对植物喷洒适量叶面水。

单元小结

　　本单元以山水盆景制作的流程及各环节的操作要点为主。山水盆景的制作分为准备阶段、制作阶段和养护阶段，其中准备阶段主要有选材、构思等操作；制作阶段主要有锯截、雕凿等操作；养护阶段相对较简单但不可缺少，主要是对配植的植物进行养护管理。本单元内容还涉及各类石材特征及相关工具的使用方法。

单元练习与考核

【单元练习】

一、名词解释

　　1.山水盆景　2.沙漠式山水盆景　3.开合式山水盆景　4.景屏式山水盆景　5.皴纹

二、填空

　　1.山水盆景制作中常用的软石有_____、_____、_____。

　　2.制作山水盆景时，首先要对石材_____进行观察，引发构思，反复推敲。在轮廓线排列起伏不明显时，要对其进行_____，使之起伏鲜明，富有_____。

　　3.峰是全景的_____，故应首先把主峰组合好，然后再进行其他景物的组合。主峰的多块石料必须在_____基本一致，以求浑然一体。另外，_____是山体与水面的交接处，可使空旷、静止的水面产生流动的感觉，所谓"水随山转，山依水活"。所以，水岸线的处理应避免_____的状态出现。

三、简答

　　1.简述山水盆景选石的要点。

　　2.山水盆景制作有哪些环节？每个环节中有哪些主要操作步骤？

　　3.简述山水盆景养护要点。

四、思考与讨论

　　1.图4-0-8中山水盆景选用的是哪种造型形式？

　　2.制作环节及操作要点有哪些？

图4-0-8　山水盆景例图

【考核标准】

一、考核评分表

环　节	准备阶段	制作阶段	完成后阶段
步　骤	选石、立意、构图	雕凿、锯截、组合、胶合、配件及植物安置	布展、养护
分值（分）	25	50	25
实际得分（分）			

二、考核内容及评分标准

1. **准备阶段（25分）**

① 选石准确，准备创作的题材立意有内涵，造型选择恰当，设计构图清晰准确。（21～25分）

② 选石准确，准备创作的题材立意较有内涵，造型选择比较恰当，设计构图较准确。（15～20分）

③ 未认真选石，准备创作的题材未仔细思考，造型构图均不够准确。（15分以下）

2. **制作阶段（50分）**

① 雕凿、锯截、组合、胶合、配件及植物安置各步骤顺序正确，工具使用得当，操作熟练准确，操作过程安排合理紧凑，在规定时间内完成，效率较高。（41～50分）

② 雕凿、锯截、组合、胶合、配件及植物安置各步骤顺序正确，工具使用得当，操作比较准确但不够熟练，操作过程安排合理，基本按时完成。（30～40分）

③ 雕凿、锯截、组合、胶合、配件及植物安置各步骤顺序不正确或丢失环节，工具使用不得当，操作不准确，过程安排不合理，未按时完成。（30分以下）

3. **完成后阶段（25分）**

① 按照要求布展，合理美观，充分体现盆景的美。对山石及植物的管理及时准确。（21～25分）

② 按照要求布展，比较美观，较充分体现盆景的美。对山石及植物的管理比较及时准确。（15～20分）

③ 未按要求布展，不够美观，未充分体现盆景的美。对山石及植物的管理不及时准确。（15分以下）

单元五
树石盆景制作

单元介绍

　　树石盆景以树石为主要制作材料，以树石相依、刚柔相济的自然景观为主要表现内容。它集山水、树木于一体，在展现旷野树木自然美景的同时让人领略山石怪岩之幽趣，更能表达中国盆景诗情画意的艺术特色，是中国盆景七大分类之一。

　　本单元任务选取水畔式、堆砌景盆式、景观式3种常见样式，通过实操了解材料、工具、造型、养护等树石盆景的基础知识，掌握3种树石盆景的制作过程及要点。

单元目标

1　掌握本单元3种树石盆景的造型特点和艺术效果。

2　掌握本单元3种树石盆景的制作过程及要点，初步具备制作和养护树石盆景的技能。

3　能够识别并正确使用材料和工具。

4　培养对盆景"三分做、七分养"的意识。

5　培养踏实、认真、严谨、吃苦耐劳的工作作风。

6　培养团队协作的意识和能力。

单元知识学习

一、树石盆景概述

从宋代起盆景逐渐开始形成树木盆景和山水盆景两大类，在漫长的历史演化中，随着盆景艺术的蓬勃发展、盆景材料的日益丰富和欣赏者对盆景艺术展现形式要求的提高，以及盆景制作者在继承传统的基础上不断创新，新的盆景类别也在逐步产生，至今已形成树木盆景、山水盆景、树石盆景、竹草盆景、微型组合盆景、异型盆景、组合型盆景七大类别。

树石盆景来源于树木盆景和山水盆景，集树木盆景、山水盆景的优点于一身，又因其多表现树石相依的近处景观，使人产生很强的融合感，更能体会自然美。

二、树石盆景材料

传统树木盆景的制作材料多以植物为主，可不使用石料，即使使用石料，也多作为点缀。山水盆景的制作材料必须有植物和山石，但以山石为主，植物处于从属地位。而在树石盆景的制作材料中，植物与山石平分秋色、不分伯仲，二者同样重要，共同构成了树石盆景的景观。

依据造型样式和表现景观的需要来选择不同质地、色泽、形状的石料，其他事项参见单元四山水盆景制作中石料的相关介绍。树石盆景的植物体量较大一些，所以树石盆景的植物材料种类选择较为灵活宽泛一些。植物材料的修剪等造型技法参见单元三树木盆景制作。

三、树石盆景养护管理

为使盆中的植物生长良好，日常养护显得非常重要。放置场所、浇水、施肥、修剪、换土、病虫害防治等诸方面应加以重视。

由于树石盆景用盆很浅、盆土很少的特殊性，尤其是水旱类树石盆景，盆中盛土很少，因此，树石盆景比树木盆景的养护管理困难些，平时稍有差错即会使盆中树木枯萎和生长不良。

1. 放置场地

为让盆中的植物生长良好，树石盆景宜放在通风透光处，保持盆中植物有一定时间光照和通风。夏季不宜在强阳光下暴晒，要采用遮阳网处理。

除了在夏季要注意遮阳外，冬季遇寒流要提前将其移入室内或塑膜大棚中，以防受冻。如不能移动，则必须在寒流到来之前将盆土浇湿透，并在盆面上覆盖稻草以防止寒冻。

在植物生长旺盛的季节，如需放进室内观赏，应注意时间不宜过长，不可连续多日放在室内，以免影响植物生长。一般在室内放三四天后，即要放至室外通风透光处，15天后才可再移至室内观赏，且此次室内放置时间也不宜过长。

2. 浇水施肥

由于用盆很浅，盛土不多，平时盆土较易干燥，尤其在盛夏高温季节，要特别注意及时补充水分。一般可视天气情况浇水。春、秋季艳阳高照时可早、晚各浇一次水，阴天浇一次水即可。夏季高温时除早、晚各浇一次水外，还可在中午追加一次喷水。为防止盆土被水冲走，浇水时宜用细眼喷壶，喷洒后待水渗入土中再重新喷洒，这样反复几次，才能使盆土吸足水。平时除了正常浇水以外，还要用喷雾器对盆中树木、山石和盆面苔藓进行喷雾，以使树木、苔藓等生长良好。为使盆中植物长势健旺，还要进行养分补充。没有足够丰富的养分补充，则植物生长不好。树石盆景的施肥应做到薄肥勤施。施用的肥水多以稀释后的有机肥水为好，无机肥尽量少用。肥水可用喷壶细洒，注意不要污染树木叶片。也可用一些颗粒状有机复合肥埋入土中，让植物自然慢慢吸收。施肥时间以春、秋两季为宜，夏季不施。一般每周一次。秋季施肥很重要，一直可以至小雪前停施，此时为树木养分蓄积期，只有在此季节施够肥，让植物吸收充分的养料，才能为来年开春树木的生长打下基础，而且能提高冬季抵御寒冻、抗病虫害的能力。

3. 修剪换土

盆中的树木经过一段时间生长，都必须修剪。但只需把重点放在树形姿态的维持上，除对即将长偏的树枝剪短并对一些交叉枝、轮生枝、重叠枝、徒长枝、病枯枝等及时予以剪除外，一般不需过于重剪。修剪的时间宜在6月芒种左右和12月冬至以后，每年大剪两次。平时注意把徒长枝剪除。如遇作品要参加展出，则必须在展出15天之前进行修剪，并摘除全部树叶，使其在展出时正好新叶萌芽，达到最佳观赏效果。但在摘叶修剪之前，必须提早将肥施好，促使其新叶萌发正常。

盆中的树木生长多年后，须根会密布盆中，土壤也会逐渐板结，此时如不进行换土，则盆中植物的生长就会受到影响。换土一般2～3年进行一次，多在春、秋季进行。换土时先取下配件和点石，并记住其位置。待盆土稍干时，将树木从盆中取出，用竹签剔除约1/2旧土，同时剪去部分过长、过密的根系，换上疏松肥沃的培养土，然后再将树木按原位置栽入盆中，把点石按原位置放上并加以固定，放上配件，铺上苔藓，再喷水使盆土湿透。

4. 防治病虫害

为使树木生长健康旺盛，平时宜经常观察有无病虫害，做到预防在前，除病灭虫在后。由于树石盆景中树木的生长环境受盆浅土少的影响，对病虫害的抵御能力相对较弱，因此要特别予以重视。一般每两个月喷洒一次杀虫除病的药水，这样可保证树木免受病虫危害，使树木生长健壮。

任务一
水畔式树石盆景制作

水畔式是树石盆景造型中较为常见的造型样式之一，多表现江湖、溪涧两岸水旱相接的自然景观（图5-1-1）。旱地面积一般大于水面面积，分隔水面与旱地时应注意分隔线宜斜不宜正、宜曲不宜直。

图5-1-1　自然中山涧水畔景观

【任务描述】

请仔细观察江湖、溪涧两岸水旱相接的自然景观特点，利用硬石石料、真柏等植物材料，运用盆景造型相关原理制作一件水畔式树石盆景。

【任务目标】

1.掌握水畔式树石盆景的主要造型特征和追求的艺术效果。
2.掌握水畔式树石盆景的制作过程。

【任务流程】

环节一 准备阶段

构思

构思水畔式树石盆景造型，既可在心里打腹稿，也可在纸上简略画出设计造型。若是临摹成熟作品，则需仔细观察，研究作品中树石的分布与造型，确保在动手操作前做到心中有数。

环节二 制作阶段

1. 山石布景

（1）组合摆放

① 挑出一块高耸和一块略矮的英德石组成山石主景（图5-1-2）。

② 在主景右侧摆石，并在后面用石围起，以便盛土栽树（图5-1-3）。

③ 在主景前面置矮山小坡（图5-1-4）。

④ 在水面右侧用两块小石组成矮山配峰（图5-1-5）。

⑤ 将水面小山坡脚略做调整，使水面虚中有实，水岸线曲折有变化（图5-1-6）。

（2）胶合固定

石料摆放组合完毕后，可用铅笔沿石材底部将与盆交接的轮廓线轻轻画到盆面上，然后按照摆放的顺序逐一对石材进行胶合。底面多孔的石材可用水泥黏合，底面平整无孔或少孔的石材可用大理石胶或者"哥俩好"等黏合剂胶合。

2. 植物栽种

① 待固定石材的胶水干燥后，把挑选好的真柏从盆中脱出（图5-1-7），先去掉过多的泥土，再剪去过长的根系（图5 1 8）。

图5-1-2 放置主峰

图5-1-3 主峰后侧放置配石

图5-1-4 主峰前营造矮坡

② 先放入一棵临水式真柏，观察是否合适（图5-1-9）。观察后发现左侧太空，构图不完整，需在主山后面再放上一棵真柏（图5-1-10）。

③ 调整树姿，直到满意最后定型为止。

④ 加土栽植。

图5-1-5　右侧放置副峰

图5-1-6　调整山脚轮廓

图5-1-7　选植物材料并脱盆

图5-1-8　修剪根系

图5-1-9　预置并构思构图

图5-1-10　山后左侧配置真柏

3. 整理修饰

① 在盆面上种植苔藓和小草（图5-1-11）。

② 修剪枝叶（图5-1-12）。经修剪后树姿焕然一新。

③ 浇水。轻轻将土略微压实，并在土面洒水。浇水时严格控制水量，避免泥水渗出污染盆面。

④ 整理盆面。浇水后用湿毛巾将表示水面的区域擦拭干净。

⑤ 放上摆件，作品完成（图5-1-13）。

图5-1-11 植苔

图5-1-12 修剪枝叶

4. 命名

作品命名为"临江摇曳"，也可根据最初立意或者画面内容起个其他富有诗情画意的名宁。

环节三 养护阶段

将作品置于通风半阴处养护，待植株恢复后逐步增加光照，最终摆放至观赏位置。若观赏位置环境条件不利于作品中植物材料的生长，则根据需要尽量减少观赏摆放时间，移至适宜区域养护。

图5-1-13 作品完成

任务二
堆砌景盆式树石盆景制作

先将山石按照一定的构图布局用水泥黏合成盆，再将植物栽植其中，这样以石为盆、树石相依、景盆相融的一类树石盆景称为堆砌景盆式树石盆景。堆砌景盆式树石盆景中，山石既是表现景观的重要组成部分，又是承载植物的盆盎，而石盆则是由一些石料人工拼接堆砌而成，整体自然，妙趣横生，别具一格（图5-2-1）。

图5-2-1　堆砌景盆式树石盆景

【任务描述】

为体现盆景展中盆景要素变化的多样性，特邀请你制作一件堆砌景盆式树石盆景，要求石盆"虽为人作，宛如天成"，并给作品命名。

【任务目标】

1. 掌握堆砌景盆式树石盆景的主要造型特征和追求的艺术效果。
2. 掌握堆砌景盆式树石盆景的整个制作流程。
3. 了解鱼鳞石的特点和应用。

【任务流程】

准备阶段 ➡ 制作阶段 ➡ 养护布展阶段

环节一　准备阶段

1. 构思

构思堆砌景盆式树石盆景造型，确定景盆的形状，明确主峰、次峰以及植物的位置关系。可在纸上简略画出设计造型，确保在动手操作前做到心中有数。

2. 选材

依据构思或构图，选取形状、大小等适宜的砚形大理石盆、鱼鳞石和植物材料（博兰）。

博兰（图5-2-2）：

　　大戟科博兰属亚热带常绿灌木。其喜光、耐高温、耐旱、耐涝、耐阴能力极强，高光照条件下生长快速，极少发生病虫害。博兰根系发达，树干古朴苍劲、虬曲多姿，枝条萌发力强，叶小常绿，花繁果硕，是制作盆景的优良树种。

图5-2-2　博兰盆栽

环节二　制作阶段

1. 制作景盆

①选一块较高的鱼鳞石，用切割机将其底部切平（图5-2-3）。

②将鱼鳞石安置在事先设定好的位置上，作为景盆主峰（图5-2-4）。

③取一块相同纹理的景石紧挨主峰安置，并用水泥将两块景石黏合（图5-2-5）。

图5-2-3　手持切割机处理石材底部

图5-2-4　摆放盆器主峰

图5-2-5　用水泥黏合石材

图5-2-6　依次配置其他石材

④ 依次再配置几块景石（图5-2-6）。

⑤ 取各式景石一块挨一块先围成一个景盆（图5-2-7）。

⑥ 用水泥将相邻景石逐个固定，并在左次一峰和左次二峰连接处底部预留出一个排水孔（图5-2-8）。

图5-2-7　石材高低错落围成一圈

图5-2-8　用水泥黏合剩余石材（预留排水孔）

图5-2-9　盆底灌注一层水泥

图5-2-10　在水泥上铺铁丝网

图5-2-11　修饰石材间水泥

图5-2-12　置底土

⑦ 在景石围起来的盆内灌注一层水泥（图5-2-9）。

⑧ 取铁丝网铺在盆内的水泥面上（图5-2-10）。

⑨ 将铁丝网镶嵌进水泥中起稳固景盆的作用。

⑩ 用画笔整理两峰之间的水泥，使其紧密并平整（图5-2-11）。

2. 栽种植物

① 待水泥干后，往景盆内倒入透气性好且掺有基肥的粗颗粒土（图5-2-12）。

② 取一株盆栽博兰置于景盆内进行试栽（图5-2-13）。

③ 整理根系，剪去较粗的顶心根，剔除腐根、枯根，剪去多余枝条（图5-2-14）。

④ 将整理好根系的植株重新放入盆中，添加细土将根系覆盖好（图5-2-15）。

3. 修饰整理

① 在土面铺满青苔，青苔块边缘相互吻合，尽量不留空隙。铺好后用手掌轻轻按压青苔，使其与土面贴实（图5-2-16）。

② 剪掉树干基部的萌蘖枝（图5-2-17）和树冠上的多余枝条（图5-2-18），作品完成。

图5-2-13 试摆放并观察调整

图5-2-14 修剪根系和枝条

图5-2-15 添加细土覆盖根系

图5-2-16 植苔

图5-2-17 剪去萌蘖枝

图5-2-18 修剪上部枝条

4. 命名

作品命名为：鱼鳞呈锦绣。

环节三　养护布展阶段

①轻轻将土略微压实，并在土面洒水浇透。

②将作品置于通风半阴处养护，待植株恢复后逐步增加光照，最终摆放至观赏位置。

任务三
景观式树石盆景制作

中国园林景观多以追求自然精神境界为最终和最高目的，从而达到"虽由人作，宛自天开"的审美旨趣。景观式树石盆景利用配件、树石等材料通过缩龙成寸等手法在盆盎中模仿园林景观，达到诗情画意以及天人合一的艺术效果（图5-3-1）。

图5-3-1　园林景观

【任务描述】

王林特别喜欢中国古典园林，特意拜托你利用米竹、文竹、亭子、山石等材料制作一个模仿园林景观的景观式树石盆景。

【任务目标】

1. 掌握景观式树石盆景的主要造型特征和追求的艺术效果。
2. 掌握景观式树石盆景的整个制作流程。

【任务流程】

准备阶段 ➡ 制作阶段 ➡ 养护阶段

环节一　准备阶段

1. 构思

构思景观式树石盆景造型，先在纸上简略画出设计造型，也可在心里打腹稿，仔细思考作品中亭子等建筑配件和树石分布的位置与比例关系。

2. 选材

依据构思或构图，选取形状、大小等适宜的大理石浅盆、石料和植物材料（文竹、米竹、棕竹、袖珍椰以及青苔）（图5-3-2至图5-3-6）。

小贴士

米竹（图5-3-2）：

学名凤尾竹，又叫观音竹、筋头竹、蓬莱竹。常绿灌木型丛生竹，喜温暖湿润和半阴环境。耐寒性稍差，不耐强光暴晒，怕积水，宜肥沃、疏松和排水良好的壤土。冬季温度不低于0℃。因其竹株丛密集、竹秆矮小、枝叶秀丽，可在盆景中配以山石表现竹石小品。

图5-3-2　米竹盆栽

图5-3-3　选植物材料

图5-3-4　选石材

图5-3-5　选苔藓、小草等地被植物

图5-3-6　选盆

环节二　制作阶段

1. 制作地形

在盆面上铺好土。如盆面允许，可根据设计需要用土堆出地形（图5-3-7）。

2. 放置建筑物

放上亭子，开始布局（图5-3-8）。注意：在其他类型的盆景作品中，亭子等起画龙点睛作用的配件多是最后摆放，而在景观式树石盆景中，特别是表现古典园林景观的作品，亭子作为建筑，是园林景观的核心组成部分，可先将其放在视觉重心位置，再以亭子为中心依次配置树石。

3. 配置假山

在亭子四周配置山石，配置时注意山石应烘托亭子，不能遮挡亭子（图5-3-9）。

4. 栽种植物

① 植株脱盆：将所需的文竹、米竹、袖珍椰和棕竹逐一脱盆，脱盆时留好护心土，尽量不要散坨（图5-3-10）。

② 文竹和米竹较高，栽在亭的左侧后面，既烘托亭子，又确定了作品三角形构图的最高点（图5-3-11）。

③ 在亭右侧栽袖珍椰（图5-3-12）。

④ 栽棕竹。

5. 修饰整理

① 在盆面上铺青苔（图5-3-13），再放上人物配件（图5-3-14）。

② 轻轻将土略微压实，并在土面洒水浇透（浇水时严格控制水量），作品完成。

6. 命名

此作品景名：板桥画意。也可发挥自己的想象力，利用自己的传统文化功底，取个符合景观内容、雅致的其他名字。

图5-3-7　盆面置土

图5-3-8　置亭（注意布局）

图5-3-9 配置假山

图5-3-10 植材脱盆

图5-3-11 文竹和米竹置于亭后，确定作品高度

图5-3-12 右侧配置袖珍椰

图5-3-13 植苔

图5-3-14 作品完成

环节三 养护阶段

　　将作品置于通风半阴处养护，待植株恢复后逐步增加光照，最终摆放至观赏位置。大理石浅盆蓄水能力差，因无排水孔，排水能力也差，日常养护应及时浇水且严格控制水量。为避免盆土干燥过快，可将作品置于半阴处观赏。

单元小结

　　本单元主要内容为水畔式、堆砌景盆式、景观式3类常见树石盆景制作的流程及各环节的操作要点。山石盆景的制作一般分为准备阶段、制作阶段和养护阶段。其中准备阶段主要有选材、构思等操作；不同类型的树石盆景因表现内容及表现形式不同，制作阶段的具体操作不同，但一般都会涉及石材的雕琢、组合、胶合等处理，以及植物的造型处理和栽植，还有整理修饰、命名等步骤；养护阶段相对较简单但不可缺少，主要是对配植的植物进行养护管理以及石材和盆面的清洁。

单元练习与考核

【单元练习】

一、名词解释

1. 树石盆景　2. 景观式树石盆景　3. 堆砌景盆式树石盆景　4. 水畔式树石盆景

二、填空

1. 盆景在宋代就已形成_____和_____两大类，随着不断发展，现代盆景一般被划分为_____、_____、_____、_____、_____、_____和树石盆景七类。

2. 树石盆景来源于_____盆景和_____盆景，主要表现_____（远/近）处景观。

三、简答

1. 制作水畔式树石盆景时如何浇水？

2. 堆砌景盆式树石盆景的制作步骤有哪些？

3. 树石盆景植物材料病虫害防治要点有哪些？

四、思考与讨论

　　随着盆景的不断发展，传统的盆景由两大类演变为七类。作为其中之一的树石盆景，在材料运用以及表现内容等方面与现在的山水盆景和树木盆景有哪些异同点？

【考核标准】

一、考核评分表

环 节	准备阶段	制作阶段	养护阶段
步 骤	立意、构图、选材	加工、组合、胶合、栽种植物及配件安置、命名	养护
分值（分）	25	50	25
实际得分（分）			

二、考核内容及评分标准

1. 准备阶段（25分）

① 山石和植物选择准确，准备创作的题材立意有内涵，造型选择恰当，设计构图清晰准确。（21～25分）

② 山石和植物选择准确，准备创作的题材立意较有内涵，造型选择比较恰当，设计构图较准确。（15～20分）

③ 山石和植物选择不准确，准备创作的题材未仔细思考，造型选择不恰当，构图不够准确。（15分以下）

2. 制作阶段（50分）

① 雕凿、锯截、组合、胶合、配件及植物安置各步骤顺序正确，工具使用得当，操作熟练准确，操作过程安排合理紧凑，在规定时间内完成，效率较高。（41～50分）

② 雕凿、锯截、组合、胶合、配件及植物安置各步骤顺序正确，工具使用得当，操作比较准确但不够熟练，操作过程安排合理，基本按时完成。（30～40分）

③ 雕凿、锯截、组合、胶合、配件及植物安置各步骤顺序不正确或丢失环节，工具使用不得当，操作不准确，过程安排不合理，未按时完成。（30分以下）

3. 养护阶段（25分）

① 对山石及植物的管理及时准确。（21～25分）

② 对山石及植物的管理比较及时准确。（15～20分）

③ 对山石及植物的管理不及时准确。（15分以下）

参考文献

陈习之, 何雪涵, 陈丽娟, 2015. 紫砂壶盆景艺术 [M]. 合肥: 安徽科学技术出版社.

陈习之, 林超, 吴圣莲, 2013. 中国山水盆景艺术 [M]. 合肥: 安徽科学技术出版社.

胡乐国, 2006. 名家教你做树木盆景[M]. 福州: 福建科学技术出版社.

李树华, 2005. 中国盆景文化史 [M]. 北京: 中国林业出版社.

林鸿鑫, 陈习之, 林静, 2004. 树石盆景制作与赏析 [M]. 上海: 上海科学技术出版社.

林鸿鑫, 林峤, 陈琴琴, 2013. 中国树石盆景艺术 [M]. 合肥: 安徽科学技术出版社.

林鸿鑫, 张辉明, 陈习之, 2017. 中国盆景造型艺术全书[M]. 合肥: 安徽科学技术出版社.

林三和, 2005. 名家教你做微型盆景[M]. 福州: 福建科学技术出版社.

刘传刚, 贺小兵, 等, 2014. 中国动势盆景 [M]. 北京: 人民美术出版社.

彭春生, 李淑萍, 1998. 中国盆景流派技法大全 [M]. 南宁: 广西科学技术出版社.

彭春生, 李淑萍, 2009. 盆景学 [M]. 北京: 中国林业出版社.

乔红根, 2011. 水石盆景创作 [M]. 上海: 上海科学技术出版社.

沈冶民, 1982. 五针松盆景 [M]. 上海: 上海文化出版社.

沈冶民, 2015. 岩松盆景 [M]. 杭州: 浙江人民美术出版社.

韦金笙, 2004—2007. 中国盆景流派丛书 [M]. 上海: 上海科学技术出版社.

吴诗华, 汪传龙, 2016. 树木盆景制作技法 [M]. 合肥: 安徽科学技术出版社.

肖遣, 2010. 盆景的形式美与造型实例 [M]. 合肥: 安徽科学技术出版社.

曾宪烨, 马文其, 1999. 树木盆景造型养护与欣赏[M]. 北京: 中国林业出版社.

赵庆泉, 2005. 名家教你做水旱盆景[M]. 福州: 福建科学技术出版社.

仲济南, 2006. 名家教你做山水盆景[M]. 福州: 福建科学技术出版社.